DIE REISE DES WANDER-IMKERS

JOHANNES GRUBER
NINA WESSELY
WOLFGANG HUMMER

WIE GUTER HONIG ZU SEINEM GESCHMACK KOMMT

löwenzahn

Inhalt

Die AutorInnen

JOHANNES GRUBER
ist Wanderimker. Er hat sein Leben den Bienen verschrieben und produziert in zweiter Generation sortenreine Bio-Honige in Buchberg in der Steiermark. Mit seinen über 200 Bienenvölkern wandert er von Blüte zu Blüte und ist immer auf der Suche nach neuen Geschmackskomponenten.

NINA WESSELY
war immer schon neugierig. Essen – und alles was es mit sich bringt – hat es ihr bald besonders angetan. So mündete ihr beruflicher Weg über ein Tourismusstudium und Auslandserfahrungen in der Gastronomie bald in den Journalismus.

WOLFGANG HUMMER
Wolfgang Hummer ist Fotograf mit Spezialisierung auf die Bereiche Food, Portrait und Reportage. Die Fotografie wurde zur Berufung des ehemaligen Art Directors, die Meisterprüfung besiegelte die weitere Karriere. Mit Graz als Homebase und Standort des Fotostudios wird er von namhaften Agenturen und Verlagen in Österreich und international gebucht.

Was ist Honig?

Honig hatte bei fast allen Völkern und Kulturen in allen Zeitepochen unter landwirtschaftlichen Erzeugnissen einen so hohen Stellenwert wie sonst nur Öl und Wein. Im Gegensatz zu Letzterem hat Honig sich jedoch seine naturbelassene Unschuld bewahrt: Laut Honigverordnung darf diesem Produkt keine Substanz zugesetzt und kein honigeigener Inhaltsstoff entzogen werden. Honig genießt hohe Wertschätzung in fast allen Weltreligionen. Honig war jahrhundertelang Hauptsüßstoff, bis industriell hergestellter Zucker billiger als Honig wurde. Honig war und ist Gewürz, Heil-, Genuss- und Lebensmittel sowie Rohstoff für Kosmetika und Arzneimittel.

Honig genügt sich selbst. Honig ist unbegrenzt haltbar. Er benötigt keine physikalische Haltbarmachung durch Sterilisation wie Milch; chemische Konservierung ist ihm fremd. Sein Aromaspektrum entfaltet feine Malzaromen oder schmeckt würzig nach Harz, er riecht rustikal nach Schweinestall oder duftet zart nach Bittermandel. Honig ist großartig oder einfach nur fad und süß. Honig ist wahrhaftig. Jede Landschaft hat ein ihr eigenes Blütenkleid, das mit keinem anderen der Welt ident ist. Gute Lebensmittel können niemals aus schlechten Zutaten gewonnen werden und gute Zutaten finden sich nur in einer intakten Umwelt. Honig besteht aus lediglich zwei Zutaten: dem Siebröhrensaft von Pflanzen, der von den Bienen innerhalb ihres engen Flugradius von vier Kilometern als Blütennektar oder Honigtau gesammelt wird und bieneneigenen Enzymen. Honig ist einzigartig.

Honig ist Produkt der Bienen und zugleich Spiegelbild der Landschaft, aus der er stammt. Honig ist Natur in ihrer reinsten Form. Honig ist pure Emotion. Honig ist roh. Warum hat Honig dann heute nicht den Stellenwert, der ihm gebührt? Vielleicht ganz einfach deshalb, weil Honig immer schon da war. Fast überall. Für Honig mussten nicht erst Kolonien ausgebeutet werden. Honig konnte in fast allen Klimazonen erzeugt werden. Spekulanten konnten mit Honig keine Geschäfte machen, da Honig sich der industriellen Produktion entzieht. Die Bienen spielen nicht mit. Zumindest nicht auf Dauer. Honig ist eigenwillig.

Honig ist Natur in ihrer reinsten Form. Honig ist pure Emotion. Honig ist roh.

Warum ein Buch über Honig?

Es war ein kalter Jännermorgen, an dem an dem Tisch mit türkis-rosa Blumen-Plastikfolie wieder einmal eine Entscheidung fiel. Eine von vielen, die Imker Johannes Gruber an diesem Tisch bereits getroffen hat: Der Schritt zum Vollerwerbsimker, die Entscheidung, aus dem Weinfachhandel auszusteigen, der Entschluss, in der Oststeiermark, am Buchberg, mehr oder weniger sesshaft zu werden – weil mit den Bienen wandert er ja –, sie alle haben als gemeinsamen Nenner den kleinen quadratischen Holzesstisch, mit frühlingshaftem Plastik bedeckt, der Farbe in diesen Wintertag bringt.

Doch an diesem Vormittag kann man die gedruckten Blumen nur schwer erkennen. Sie sind begraben unter einem Berg Fachliteratur zu Honig, Bienen und Landschaften. In deutscher, englischer, spanischer und französischer Sprache. Ein Gespräch darüber, warum eigentlich der Waldhonig vom Stuhleck von 1.200 Meter Seehöhe so anders schmeckt als der vom Naintschgraben auf 700 Meter Seehöhe, markiert den Beginn dieser Fachliteratur-Stapelei. Na, weil die Biene in ihrem Flugradius von vier Kilometern auf komplett unterschiedliche Pflanzen- beziehungsweise Waldformationen trifft. So einfach. Und logisch also, dass der Honig Abbild seiner Landschaft ist. Ein Ansatz, der beim Wein schon lange etabliert ist – auch wenn es hier nur eine Pflanze, nämlich der Rebstock, ist und nicht gleich eine ganze Botanik-Palette von der Sonnenblume bis zur Weißtanne, die Landschaften in Essbarem abbildet.

Jedenfalls ist die Ansicht, dass der Honig seine Herkunft im Geschmack widerspiegelt, eine, die Sinn macht. Und einleuchtet, je länger man darüber nachdenkt und je mehr Bücher sich auf dem Tisch und den rosaroten Plastikhibiskusblüten türmen, die genau diesen Aspekt eben nicht ansprechen.

Nächster Gedanke nach abgeschlossenem Interview für eines der hochwertigsten Gastronomiemagazine im deutschsprachigen Raum überhaupt ist also: Warum nicht diesen Ansatz, das Know-how der Imker aus allen Winkeln Österreichs und auch aus

Deutschland zu Landschaften im Honig – von der Au bis zum Weißtannenwald – auf Papier zusammenfassen? Die Thematik allen Honig- und Herkunftsinteressierten sowie angehenden Hobbyimkern näherbringen?

Zu diesem Zeitpunkt war sie noch nicht definitiv gefällt, die Entscheidung. Eindeutig war nur: Das sind zu viele Warum, um hier nicht in Bienentanz-Manier auch Verlage und Imker zu fragen: Warum eigentlich nicht? Ein Buch über Honig! Nicht Bienen. Honig, ein Produkt aus dem Zusammenspiel vieler Faktoren, die Biene und Mensch in einem Umkreis von vier Kilometern um den Stock vorfinden.

Tja, und wie Sie sehen und in Ihren Händen spüren – irgendwann war sie dann doch definitiv, die Entscheidung. Viele Tage und Nächte folgten am Rande der Hibiskusblüten-Plastiktischdecke. Das Ergebnis dieses menschelnden Bienentanzes, die Antworten und noch mehr Fragen beziehungsweise Denkanstöße zum Honig und seiner Herkunft halten Sie gerade in der Hand. Karl von Frisch, der Entdecker und Erforscher Nummer eins des Bienentanzes, möge diesen unsachgemäßen Vergleich verzeihen.

Wir jedenfalls wünschen viel Vergnügen mit dem Buch über die Honige der Alpen und ihre Pflanzen, mit dem wir Sie selbst auf eine Reise quer durch die Landschaft und ihre Honige schicken möchten.

Nina Wessely

Honig ist Abbild seiner Landschaft. Er spiegelt seine Herkunft im Geschmack wider.

Honig

DAS
PRODUKT

GESCHICHTEN VON DER Verwendung des Honigs

Honig begleitete den Menschen seit seinen Anfängen. Unzählige Verwendungsmöglichkeiten zeugen von der komplexen Natur dieses Bienenprodukts.

Honig als Nahrungsmittel I

DIE BEUTE DER HONIGJÄGER

Das älteste gesicherte Zeugnis vom Umgang des Menschen mit Honig wurde 1921 in einer Höhle nahe der südspanischen Stadt Valencia entdeckt: eine Reihe von perfekt erhaltenen Höhlenmalereien mit Jagdszenen. Eine der Zeichnungen, (siehe Grafik Seite 15) deren Alter auf etwa 12.000 Jahre geschätzt wird, zeigt in braunroter Farbe auf einer Größe von etwa 70 Zentimetern eine weibliche Person, die auf einer Leiter steht. Sie trägt in einer Hand ein Gefäß mit einem großen Henkel und greift mit der zweiten in ein Felsloch. Zornig umschwirren dabei Bienen ihren Körper. Eine zweite Person klettert weiter unten die Leiter empor. Die kunstvoll ausgeführte Zeichnung vermittelt mit nur wenigen Strichen die Mühsal, mit der sich die steinzeitlichen Honigjäger ihre Nahrung beschafften, und die Gefahr, der sie sich dabei aussetzten. Noch heute ist diese wohl älteste Form der Honiggewinnung von Wildbienen, bei der ein Teil des Brutnestes der Bienen zerstört und von diesen erst mühsam wieder aufgebaut werden muss, in Nepal und Teilen Afrikas verbreitet.

Große ernährungsgeschichtliche Bedeutung erlangte Honig mit dem Übergang von der rein fleischlichen Ernährung auf den Verzehr von pflanzlichen Produkten. Dies fällt etwa mit der Sesshaftwerdung des Menschen und dem beginnenden Ackerbau in der Jungsteinzeit zusammen. Ähnlich wie Salz hatte auch der Süßstoff Honig große Bedeutung als Würze für pflanzliche Speisen. Nur von wenigen Völkern ist überliefert, dass sie Fleischspeisen zusammen mit Honig verzehrten. Soziale Insekten, die Honig sammeln, sind viel älter als der Mensch und waren nahezu weltweit verbreitet, insbesondere in tropischen Zonen. Frei von Honigbienen waren lediglich der amerikanische Kontinent (nur in den tropischen Zonen Amerikas waren stachellose Bienen beheimatet) und Australien. Von den Indianerstämmen Nordamerikas wurde daher traditionellerweise Ahornsirup zum Süßen von Speisen und Getränken verwendet. Erst 1621 brachten weiße Siedler die ersten Honigbienen ins Land.

Honig als Nahrungsmittel II

DER HONIG DER PHILOSOPHEN

Vom griechischen Philosophen Pythagoras (570–495 v. Chr.) wird berichtet, dass er sein langes Leben dem häufigen Genuss von Honig verdanke. Athenaios schrieb später in seinem Werk „Gastmahl der Gelehrten": *„Der Mittagsimbiss der Pythagoräer bestand aus Brot mit Honig oder einer Honigwabe."* Von Platon (427–348 v. Chr.) wird erzählt, er sei als schlafender Knabe von den Bienen des Hymettus-Berges mit Honig genährt worden. Auch der Philosoph Demokrit schätzte Honig über alles. Er soll seinen Tod mit dem Genuss des

Bienenproduktes um einige Tage hinausgezögert haben. Als der Vorrat zur Neige ging, starb er.

Honig als Rauschmittel

DER ERSTE RAUSCH DER MENSCHHEIT

Eine weitere Verwendung von Honig reicht ebenfalls weit in die Frühzeit der Menschheit zurück: die berauschende Wirkung der vergorenen, wässrigen Biniglösung. Honigwein ist wesentlich älter als Wein aus Trauben. Als Beleg dafür mag der griechische Schriftsteller Plutarch (50–120 n. Chr.) gelten, der in seinen Tischreden schreibt: *„Ehe man den Wein kennen lernte, bediente man sich des Honigs, sowohl zum Getränk als zu Trankopfern."* Wie Ausgrabungen beweisen, war Met bereits den Honigjägern der Steinzeit bekannt. Wein aus Trauben konnte erst zum Hauptgetränk werden, als der Mensch sesshaft wurde und die Rebe kultivierte. In den Mittelmeergebieten erfolgte die Verdrängung relativ rasch, in anderen Regionen blieb die Bedeutung von Met erhalten. Lange galt beispielsweise in Deutschland die traditionelle Dreifaltigkeit der Rauschgetränke: im Südwesten Wein und Most, in Bayern und Sachsen das Bier, östlich der Elbe der Met. Dass unter den Meterzeugern auch schwarze Schafe zu finden waren, beweisen Auszüge aus einer Rede des Wiener Hofpredigers Abraham a Santa Clara: *„Es seynd auch die Lebzelter nicht heilig, einige aus ihnen sieden einen so schlechten, liederlichen Masch, dass hievon an einem Kirchentag die Bauern fast die Gedärm verlieren."*

Honig als Konservierungsmittel

DER BALSAM FÜR TOTE PHARAONEN

In den Sammlungen ägyptischer Kunstschätze in aller Welt finden sich unzählige Abbildungen von Bienen. Man kann davon ausgehen, dass die Bienenhaltung in Ägypten bereits um 3000 v. Chr. von großer Bedeutung gewesen sein muss. Eine der schönsten Darstellungen von altägyptischer Imkerei stammt von einer Wandmalerei aus dem Grabmal von Rekhmire (siehe Grafik Seite 15), datiert etwa mit 1450 v. Chr.: Es zeigt drei horizontale Bienenstöcke mit abgerundeten Enden, die übereinanderliegen. Die Bienenstöcke scheinen auf der Rückseite geöffnet zu sein, da sich zwei Imker davor befinden. Einer von ihnen hält ein offenes Rauchgefäß in seinen Händen, während der zweite Honigwaben aus dem Bienenstock entnimmt.

Honig als Grabbeigabe für verstorbene Pharaonen scheint als Speise für das Jenseits gedacht gewesen zu sein, eine davon, nach ihrer Auffindung in einem luftdicht verschlos-

Abbildung: Höhlenzeichnung von La Araña

Abbildung: Wandmalerei Grabmal von Rekhmire

senen Behälter etwa 4000 Jahre später, war noch genießbar. Ein durchaus glaubwürdiger, mit etwa 1200 n. Chr. datierter Bericht des Abd al-Latif al-Baghdadi beschreibt eine weitere, aus heutiger Sicht makaber wirkende Verwendungsweise von Honig: *„Als sie einmal damit beschäftigt waren, Gräber in der Nähe der Pyramiden nach Schätzen zu durchsuchen, fanden sie einen versiegelten Tontopf. Als sie ihn geöffnet hatten und sahen, dass Honig darin enthalten war, begannen sie ihn zu kosten. Einer von ihnen bemerkte, dass sich ein Haar um seine Finger wickelte. Sie leerten den Topf und fanden darin den Körper eines Kindes, der gut erhalten war. Es war gut gekleidet und trug eine Menge Verzierungen."*

Nach Berichten von Zeitgenossen soll auch der Leichnam Alexanders des Großen, wohl zu dem Zwecke, Unsterblichkeit zu erlangen, mit Bienenhonig übergossen worden sein.

Honig als Genuss- und Konservierungsmittel

DIE VERSCHWENDUNGSSUCHT IM ALTEN ROM

Im antiken Rom entstanden die ersten Konditoreien und die Sucht nach Tafelgenüssen war zu Cäsars Zeit (100–44 v. Chr.) weit verbreitet. Der Honig war als einziges verfügbares Süßungsmittel zum Luxusgut geworden. Das berühmte Kochbuch des Apicius gibt ausführlich Zeugnis über die altrömischen Kochkünste. Neben durchaus bodenständigen Rezepten lobt Apicius beispielsweise Flamingozungen als besondere Delikatesse und regt an, Schweine mit Feigen zu mästen, um eine besonders wohlschmeckende Leber zu erhalten. Plinius der Ältere bezeichnete ihn deswegen als den größten Prasser aller Zeiten und zu jeder Art von Luxus geboren. Auch das Lebensende des Apicius ist bemerkenswert: Er soll, nachdem er bereits 100 Millionen Sesterzen für Speisen ausgegeben hatte und ihm nach seiner Rechnung nur noch ein Zehntel von dieser Summe für sein restliches Leben zur Verfügung stand, seinem Leben mit Gift ein Ende bereitet haben. Das Kochbuch des Apicius enthält zahlreiche Rezepte mit Honig: *„Nimm, was die Griechen als Färberdistel bezeichnen, mache Mehl daraus und mische es mit Honig, wenn du darangehst, den Kuchen zu machen."* Honig wird für fast alle Süßspeisen empfohlen und nach dem Backen auch darübergeleert. *„Entferne die Kruste eines Weizenbrotes, brich es in längliche Stücke. Tauche sie in Milch, brate sie in Öl und gieße Honig darüber, fertig zum Servieren."* Honig wird Saucen zugesetzt und zu Gerichten mit Geflügel und Fisch gereicht. Fleischspeisen werden nur selten mit Honig gewürzt, aber in einem Rezept des Apicius wird Schinken gekocht, die Haut abgezogen, mit einem Messer Einschnitte gemacht und mit Honig gefüllt. Das Ganze wird mit einer Paste von Mehl und Öl überzogen und anschließend gebacken. Die Ahnen der Römer hatten noch Früchte in Most konserviert. Doch bald lernten die Römer, dass sich Honig dafür viel besser eignete. Besonders auf diese Weise konservierte Quitten waren sehr beliebt und wurden deshalb auch als „Honigäpfel" bezeichnet. Apicius verwendet Honig zum Konservieren vieler Früchte: Frische Feigen, Äpfel, Pflaumen, Birnen und Kirschen werden in seinem Kochbuch in Honig eingelegt, Rüben mit Myrtenbeeren in Honig und Essig. Ein Rezept, um Fleisch ohne Ansäuerung frisch zu halten: *„Bedecke es mit Honig und lagere das Gefäß an einem kühlen Ort. Dies funktioniert im Winter besser, im Sommer hält sich das Fleisch auf diese Weise nur wenige Tage. Man kann diese Methode auch bei gekochtem Fleisch anwenden."*

Honig als Gewürz

DAS ALTE GRIECHENLAND

Die Hauptgewürze der altgriechischen Küche waren Honig, Essig, aromatisierter Rotwein, eine fermentierte Fischsoße und eine Menge Kräuter. Die Kunst der Küche bestand darin, ein ausgeglichenes Verhältnis zwischen den süßen und den bitteren, den säuerlichen und vollkommen unbekannten Geschmacksrichtungen zu finden. Honig und Traubensirup fanden sich praktisch in jeder Soße. Man mischte auch Wein und Honig zu einem süßen Aperitif. Interessanterweise finden sich in den überlieferten Rezepten keine Mengenangaben, das Würzen der Speisen scheint eine Sache des Gefühls und natürlich des guten Geschmacks gewesen zu sein. Honig wurde in der altgriechischen Literatur häufig als Liebesspeise sowie als Speise, die das Leben verlängert, bezeichnet. Von der hohen Honigkultur im alten Griechenland zeugen zahlreiche schriftliche Quellen.

Honig als Genussmittel

DIE LANDSCHAFTSHONIGE IN DER ANTIKE

Die Qualität und Herkunft des Honigs hatte schon in der Antike einen hohen Stellenwert: Der griechische Dramatiker Euripides (484–406 v. Chr.) bezeichnet Honig von Salamis als exzellent. Der Geograf Strabo (20 v. Chr.–21 n. Chr.) schrieb, der Honig von den Inseln sei zum größten Teil gut und stehe dem von Attika in nichts nach, doch der Honig, der auf den Inseln Leros und Kalimnos produziert wird, sei von außerordentlicher Qualität, insbesondere der kalimnische. Plinius (23–79 n. Chr.) wiederum sah Honig von Sizilien als den besten an, da er in den Blütenkelchen der besten Blumen gelagert würde. Columella bewertete Honige nach ihrer Pflanzenquelle: Thymian ergäbe Honig mit dem besten Geschmack, die nächstbesten seien griechische Aromen: Bergbohnenkraut und Majoran. An dritter Stelle, jedoch immer noch von hoher Qualität, ständen Rosmarin und italienische Aromen. Tamariske und Jujube-Baum hätten lediglich mittelmäßigen Geschmack. Vergil bezeichnet Honig vom Berg Hybla in Sizilien als hervorragend. Weitere Honige, die als besonders fein gerühmt wurden, waren vom Berg Hymettus in Griechenland und von Taranto und Brindisi in Süditalien. Spanischer Honig war bekannt, jedoch im alten Rom nicht sehr beliebt.

Honig als Kosmetikum

DAS GEHEIMNIS DER POPPEA

Der Papyrus Ebers, datiert etwa mit 1550 v. Chr., ist eine der ältesten medizinischen Schriften überhaupt. Er enthält etliche Rezepte mit Honig zur Schönheitspflege im alten Ägypten, als Beispiel: *„Pulver von Alabaster und Natron, Salz und Honig werden vermischt und der Körper damit eingerieben."* In späteren Jahrhunderten wird von etlichen berühmten Frauen berichtet, sie hätten Honig zur Pflege ihrer Haut verwendet. Poppea, die Frau des Nero, soll hundert Sklaven allein für ihre Schönheitspflege beschäftigt haben. Sie verwendete

Häufig wird der Genuss von Honig mit paradiesischen Vorstellungen gleichgesetzt.

Honig und Eselsmilch als Gesichtslotion. Die reichen Frauen von Rom folgten viele Jahrhunderte lang ihrem Beispiel. Sarah, die schöne Herzogin von Marlborough, die im Jahre 1744 im Alter von 84 Jahren starb, wurde gerühmt dafür, das schönste Haar zu haben, das man sich nur denken kann. Wie sie selbst sagte, sei das Geheimnis ihrer Haarfarbe die ständige Verwendung von Honigwasser. Mrs. Dukeley, die königliche Kammerzofe, verriet einige Jahre später das genaue Rezept ihrer Haarpflege: *„Rosmarinblüten werden in einem Gemisch von Weißwein und Honig eingelegt und gemeinsam destilliert, Mandelöl wird beigefügt, geschüttelt und eine kleine Menge davon ins Haar gerieben."*

Honig als Heilmittel

DER RAT DES HIPPOKRATES

Seit etwa 4000 Jahren beschäftigen sich Natur- und Wunderheiler, Ärzte und Wissenschaftler mit der medizinischen, pharmazeutischen und gesundheitsfördernden Wirkung von Honig. Der wohl berühmteste Arzt der Antike, Hippokrates (460–377 v. Chr.) beschreibt eine einfache Diät: Honig gemischt mit Essig als Schmerzmittel, Honig mit Wasser gegen Fieberdurst sowie ein Gemenge von Honig, Wasser und anderen medizinischen Substanzen als Mittel gegen akutes Fieber. Anwendungen von Honig in der internen Medizin der alten Ägypter tauchten Jahrhunderte später in griechischen und römischen Texten auf, dann in arabischen Schriften aus Südspanien und zuletzt in mittelalterlichen oder noch späteren Texten in nordeuropäischen Sprachen. Vieles von diesem alten Wissen gilt als wissenschaftlich erwiesen. Äußerliche Anwendungsmöglichkeiten, insbesondere bei Augenleiden und in der Wundheilung, sind auf eine antimikrobielle Wirkung des Honigs zurückzuführen, die das Bakterienwachstum hemmt und die Bakterienzellen durch Osmose dehydriert. Der hohe Zuckergehalt trocknet die Bakterienzellen aus und bringt sie zum Absterben. Auch die Säure des Honigs verhindert das Wachstum von Mikroorganismen. Hohe Wirksamkeit haben auch Enzyme, die von Bienen im Laufe des Entstehens dem Honig zugesetzt werden. Von besonderer Bedeutung ist das Enzym Glukose-Oxidase, das im Honig selbst inaktiv ist. Sobald jedoch Honig mit Wasser verdünnt wird, erfolgt der Abbau von Glucose zu Wasserstoffperoxyd und Gluconsäure. Wasserstoffperoxyd wirkt stark keimtötend. Die Gluconsäure erzeugt ein saures Milieu, in dem sich viele Bakterien und Hefen nicht mehr ansiedeln und ausbreiten können. Diese beiden Abbauprodukte von Glucose haben auch große Bedeutung für die Selbstkonservierung des Honigs. Honige von bestimmten Pflanzen haben noch zusätzliche antimikrobielle Wirkungen, die auf ihre botanische Herkunft zurückzuführen sind.

Honig als Symbol I

DAS GOLDENE ZEITALTER

Die schriftlichen Quellen über Honig in der antiken Mythologie sind nahezu unüberschaubar. Häufig wird der Genuss von Honig mit paradiesischen Vorstellungen gleichgesetzt: Ovid (43 v. Chr.–17 n. Chr.) war einer von vielen, für den das Goldene Zeitalter ein Synonym für den Überfluss an Honig war. In den Metamorphosen schreibt er: *„Schon flossen Ströme von Milch, schon Ströme von Nektar dahin, und von den grünen Steineichen träufelte goldener Honig …"* Homer lässt Odysseus durch die Zauberin Kirke wie folgt bewirten: *„… und Kirke setzte die Männer auf prächtige Stühle und Sessel, mengte geriebenen Käse mit Mehl und gelblichem Honig unter pramnischen Wein und mischte be-*

törende Säfte in das Gericht, damit sie der Heimat gänzlich vergäßen.“ In vielen Religionen war Honig eine reiche Quelle der Symbolik, die den Menschen das Verstehen von abstrakten Konzepten näherbrachte. In Glaubenskonzepten, die Opfergaben und Demutsgesten gegenüber höheren Wesen vorsahen, war Honig ebenso wie Milch, Butter oder Öl eine häufig verwendete und heilige Substanz. In den jüdischen Schriften wurde den Gläubigen ein *„Land, wo Milch und Honig fließen“* verheißen. Das himmlische Paradies der Moslems enthält Flüsse von Milch und Honig und den Kelten Nordeuropas wurden gar Ströme von Met und ein ganzer Fluss von Honig versprochen. Im Frühchristentum wurde frisch Getauften Milch und Honig gereicht, um ihnen eine Vorstellung dessen zu geben, was sie im Jenseits erwartet. Lange blieb auch die Entstehung des Honigs im Dunkeln: Über Jahrhunderte wurde angenommen, der Honig fiele als heilige Substanz vom Himmel auf die Blumen und Bienen würden das fertige Produkt lediglich einsammeln. Erst Ende des achtzehnten Jahrhunderts wurde bekannt, dass die Quellen von Nektar und Honigtau botanischen Ursprungs sind und die Bienen, insbesondere durch die Zugabe von Enzymen, großen Anteil am Entstehen des Honigs haben.

Honig als Symbol II

DER HONIG IN DER BILDENDEN KUNST

Joseph Beuys hatte sich 1977 mit der Installation *„Honigpumpe am Arbeitsplatz“* auf der Dokumenta 6 in Kassel mit diesem Thema auseinandergesetzt. Die Arbeit *„Gib mir Honig“*, ein von Beuys signierter Blechkübel für Honig, dessen Schriftzug massenhafte Verbreitung als Postkarte gefunden hat, und das Zitat *„Honig fließt in alle Richtungen“* zeugen von der hohen Wertschätzung des Künstlers für dieses Lebensmittel. Honig wurde von Beuys als Arbeitsmaterial verwendet und etliche seiner Werke nehmen Bezug auf Honig und Bienen.

Honig als Symbol III

DER HONIG IN DER LITERATUR

Stellvertretend für unzählige Erwähnungen: Die Bienenkönigin aus Grimms Märchen: *„… die dritte Aufgabe aber war die schwerste: Aus den drei schlafenden Töchtern des Königs sollte die jüngste und liebste herausgesucht werden. Sie glichen einander aber vollkommen. Nur hatten sie, bevor sie eingeschlafen waren, verschiedene Süßigkeiten gegessen: die älteste ein Stück Zucker, die zweite ein wenig Sirup, die jüngste einen Löffel voll Honig. Da kam die Königin der Bienen und versuchte den Mund von allen dreien. Zuletzt blieb sie auf dem Mund sitzen, der Honig gegessen hatte. Und so erkannte der Königssohn die rechte …“*

Honig als Symbol IV

DER HONIG ALS BILD VOM ENDE DES LEBENS

Lojze Wieser zeichnet am Ende seines Buches „Kochen unter anderen Sternen“ ein eindrucksvolles Bild vom Tode seines Vaters: *„Der Vater war kein Mensch von süßen Speisen … Umso verwunderlicher war es, als mir die Mutter erzählte, dass er in der Früh am Tage seines Todes nach Kaffee und Honigbrot verlangte … Der Vater lag schwer atmend seitlich auf dem Diwan. Der Kaffee verschüttet. Das Honigbrot angebissen neben ihm.“*

Honig als Symbol V

DER HONIG ALS SYMBOL FÜR DEN BRUCH IM LEBEN

Nach einem Bericht im *Standard* vom 10.08.2016 soll die indische Widerstandsikone Irom Sharmila ihren Hungerstreik gegen das Militärregime nach 16 Jahren abgebrochen haben, indem sie symbolisch einen Schluck Honigwasser trank.

Honig als Symbol VI

DER HONIG ALS LOHN FÜR HARTE ARBEIT

Die Imkerin Anna Gruber erinnert sich an ein Bild aus ihrer Kindheit: *„Nach dem Dreschen von Getreide* *erhielten wir Kinder ein Stück frischgebackenes Brot, bestrichen mit Butter und Honig. Mit den Fingern voll Getreidestaub verrührten wir Butter und Honig vor dem Verzehr zu einer milchfarbenen Masse. Das war das beste Butterbrot meines Lebens.“*

Honig als Mittel zur Kriegsführung

DER GIFTIGE HONIG

Der bereits erwähnte griechische Schriftsteller und Geograf Strabo berichtet von einer besonderen Kriegslist aus dem Dritten Mithridatischen Kriege (etwa 65 v. Chr.). Demnach sollen die Einwohner von Pontus am Rande des Weges, an dem die feindlichen Soldaten auf ihrem Weg aus dem Gebirge vorbeikommen mussten, Fässer mit giftigem Honig platziert haben. Jene Soldaten, die von dem Honig kosteten, verloren ihre Sinneswahrnehmung und konnten nunmehr leicht überwältigt und besiegt werden. Bei diesem Ereignis sollen 1200 Männer das Leben verloren haben. Einige außereuropäische Ericaceenhonige, z. B. Honig von *Rhododendron ponticum* in Kleinasien, enthalten Andromedotoxin, einen aus dem Nektar der Pflanzen stammenden Stoff, der auf den Menschen berauschend wirkt, wie auch eine weitere historische Quelle belegt: Xenophon, Anabasis 4.8: Nachdem Soldaten von dem Honig gegessen hatten, *„verloren sie ihre Sinneswahrnehmungen und hatten mit Übelkeit und Erbrechen zu kämpfen. Keiner von ihnen konnte sich auf den Beinen halten. Jene, die wenig gegessen hatten, waren wie betrunkene Männer, jene, die viel Honig gegessen hatten, wie Verrückte und einige wie Sterbende. In diesem Zustand lagen sie auf dem Boden gerade so, als ob sie in einer Schlacht eine Niederlage erlitten hätten. Am nächsten Tag war keiner von ihnen gestorben und sie gewannen ihre Sinneswahrnehmungen zurück und am dritten Tag standen sie auf, als ob sie eine Medizin genommen hätten.“*

Honig als Handelsware I

DER HONIGHANDEL BEI DEN ALTEN RÖMERN

Die alten Römer begannen, Honig im großen Stil zu produzieren, und auch der Honighandel erfreute sich im römischen Reich eines großen Aufschwungs. Plinius d. Ä. (23–79 n. Chr.) berichtet, dass auf römischen Gutshöfen eigene Honigsklaven beschäftigt wurden, und erwähnt Berufsimker, die die Bienenstände der vornehmen römischen Villen pachteten. Er erzählt weiter, dass ein gewisser Vejanus, ein kleiner Bienenzüchter, von den Bienen seines Thymiangärtchens jährlich Honig um 10.000 Sesterzen verkauft haben soll. Das *Forum Cupedinis,* der Naschmarkt von Rom, wo Honig und sonstige Lebensmittel verkauft wurden, spielte eine zentrale Rolle im städtischen Leben. Honige wurden jedoch nicht nur in Rom produziert, sondern auch von allen Teilen des damaligen Weltreiches in die Hauptstadt geliefert. Aus dieser Zeit stammt auch der älteste Bericht über Honigproduktion und Handel im alpinen Bereich. Strabo berichtet: *„Im ganzen Abendland gibt es hügelige Gegenden, die sich sehr gut für den Ackerbau eignen, und sorgfältig bebaute Täler. Der größte Teil des Gebirges, besonders in den höchsten Regionen, ist jedoch wild und wegen des Frostes dieser rauen Landstriche unfruchtbar. Wegen ihres Mangels an Lebensmitteln und anderen Dingen lassen die Bewohner der Alpen jene der Ebene in Frieden, um von ihnen ihre Erzeugnisse zu bekommen. Sie bieten das zum Tausch, wovon sie im Überfluss haben, nämlich Harz, Pech und Kienholz sowie Wachs, Honig und Käse.“*

„Nach dem Dreschen von Getreide erhielten wir Kinder ein Stück frischgebackenes Brot, bestrichen mit Butter und Honig. Das war das beste Butterbrot meines Lebens.“

Honig als Handelsware II

DIE HONIGMENGER VON FRANKFURT

In den Steuerbüchern von Frankfurt am Main finden sich bereits im dreizehnten Jahrhundert Aufzeichnungen über sogenannte „Honigmenger“, das waren Kaufleute, die auf den Großhandel mit Honig spezialisiert waren. Im Jahre 1229 erlangte das Handelsgut Honig kurzfristig sogar weltpolitische Bedeutung: In diesem Jahr schloss der Stauferkaiser Friedrich II. einen Handelsvertrag mit dem Sultan El-Kamil. Der Vertrag sollte der Honigproduktion seines Königreiches Sizilien einen Absatzmarkt in Ägypten sichern. Der Papst war über diese Abmachung mit dem schlimmsten Feind des Christentums so empört, dass er den Kaiser exkommunizierte. In welcher Hochblüte der Honighandel zu Beginn der Neuzeit in Mitteleuropa stand, zeigen Aufzeichnungen vom Kolomanimarkt in Radkersburg. Laut *Ältestem Geschäftsbuch Österreichs* wurden anno 1551 zu Kolomani (13. Oktober) im heutigen südoststeirischen Bad Radkersburg 48 Fässer Honig feilgeboten, was einer Menge von 38,6 Tonnen entspricht. Im Folgejahr 1552 war das Angebot sogar noch größer und der Honig erlitt einen Preissturz von 40 Prozent. Ein Großteil dieser Mengen dürfte aus Teilen der heutigen Südsteiermark und Sloweniens gestammt haben und wurde an Händler aus Salzburg und Deutschland weiterverkauft. Der Markt scheint einer der bedeutendsten überregionalen Spezialmärkte für Honig, Wein und andere Agrarprodukte gewesen zu sein.

Honig als Süßungsmittel

DIE ABLÖSE DES HONIGS DURCH ZUCKER

Honig als Brotaufstrich ist eine neuzeitliche Erfindung. Jahrhundertelang war Honig zu kostbar, um als unvermischte Speise verzehrt zu werden. Bis ins neunzehnte Jahrhundert war es üblich, Brot in trockener Form oder als Beilage zu Fleisch zu essen. Fleisch- und Süßspeisen kamen nur an hohen Festtagen auf den Tisch. Wohl aber war Honig eine wichtige Zutat zu Brei und Gemüsespeisen. Als „Zugemüse“ bezeichnete man bis ins siebzehnte Jahrhundert überhaupt jede Beilage zum Hauptgericht, in ähnlicher Weise wie man bei allen Soßen für Fleisch und Fisch von „Pfeffer“ sprach. Als Süßungsmittel stand ausschließlich Honig zur Verfügung, denn Zucker war für die breite Masse unerschwinglich. Getränke, die heute vor allem gesüßt genossen werden wie Tee, Kaffee und Kakao, wurden erst mit Ende des siebzehnten Jahrhunderts allmählich verfügbar und es dauerte bis weit ins neunzehnte Jahrhundert, ehe diese neuen Modegetränke Allgemeingut wurden. Die Ablöse von Honig als wichtigstem Süßungsmittel und der damit einhergehende Bedeutungsverlust ist etwa mit 1850 zu datieren. Industriell produzierter Rohrzucker aus den Kolonien war zu etwa gleichen Preisen wie Honig erhältlich geworden und ersetzte diesen nach und nach.

Honig als Backmittel

DER AUFSTIEG DES LEBKUCHENS

Lange Zeit war Honig zum größten Teil der Metbereitung vorbehalten oder wurde in Form von Lebkuchen verzehrt. Die Lebzelterei stellte in der frühen Neuzeit ein einträgliches Gewerbe dar. Die Lebzelter kauften Honig und Bienenwachs von den Bauern und hatten ihrerseits das Recht, Lebkuchen, Kerzen und Met herzustellen und zu verkaufen. Honig als Backmittel bringt süßen Geschmack in die Backware und hält sie länger feucht. Der hohe Fructosegehalt sorgt zudem schon bei niedrigen Temperaturen für eine braune Kruste. Da für die Herstellung von Lebkuchen teure Gewürze wie Zimt, Nelken, Pfeffer und Muskat aus den Kolonien verwendet wurden, entwickelten sich die Lebzeltereien meist an größeren Handelsstraßen. Einige von ihnen erlangten überregionale Bedeutung.

Entstehung
DES HONIGS

Die Entstehung des Honigs ist eine komplexe Kette von Umwandlungsprozessen, von Nahrungsaufnahme, Einspeicheln und Fermentieren, von Weiterreichen an Artgenossen und Artfremde, von Reife- und Trocknungsprozessen mit Zufallskomponenten wie Witterung und Standort. Der Ablauf ist wundersam und in der Natur einzigartig. Erst ganz am Ende greift der Imker ein.

DIE ROHSTOFFE DES HONIGS

Die Rohstoffe des Honigs sind ausschließlich pflanzlichen Ursprungs. Es handelt sich dabei um den Siebröhrensaft von Pflanzen, der überwiegend Zuckerstoffe enthält. Der Pflanzensaft wird über den komplexen Vorgang der Assimilation mit Hilfe von Sonnenlicht, Wasser, Kohlendioxid und Chlorophyll in grünen Pflanzenteilen aufgebaut. Der Siebröhrensaft wird entweder direkt als Blütennektar oder indirekt in Form von Honigtau als zuckerhältiges Ausscheidungsprodukt pflanzensaugender Insekten abgesondert und von Bienen gesammelt. Blütennektar ist Rohstoff für Blütenhonig, Honigtau ist die Quelle des Waldhonigs.

DIE ENTSTEHUNG DES BLÜTENNEKTARS

Die Entstehung des Blütenhonigs beginnt mit der Absonderung von Nektar durch spezielle Drüsen zu dem Zwecke, Insekten für die Bestäubung anzulocken. Um in die Nektarien, die Abgabestelle an die Insekten, zu gelangen, muss der Blütennektar in der Pflanze mehrere Membrane passieren. Die chemische Zusammensetzung des Nektars ist an das jeweilige Bestäubungsinsekt angepasst. So besitzt etwa der Nektar von Pflanzen, die durch Bienen bestäubt werden, einen hohen Zuckeranteil und einen geringen Anteil an Aminosäuren. Bei von Schmetterlingen bestäubten Pflanzen ist die Zusammensetzung anders.

Nektar besteht zum größten Teil aus einer wässrigen Zuckerlösung, deren Zuckergehalt stark schwanken kann. Als Zuckerarten sind Glucose, Fructose und Saccharose vorherrschend. Die jeweiligen Anteile sind typisch für die verschiedenen Pflanzen. Stickstoffverbindungen, Mineralstoffe, Farbstoffe, Aromen und organische Säuren sind nur in geringen Mengen enthalten. Bienen scheinen sich bei der Auswahl ihrer Futterpflanzen eher vom Zuckergehalt des Rohstoffes und dessen Ergiebigkeit leiten zu lassen als von Aroma-Komponenten. Auch ist ihre Wahrnehmung für süß anders ausgeprägt als bei uns Menschen. So können Bienen eine zweiprozentige Rohrzuckerlösung, die für uns Menschen noch deutlich süß schmeckt, nicht von Wasser unterscheiden. Außerdem ist die Anzahl der Zuckerarten, die von Bienen als süß empfunden werden, deutlich kleiner. Die Menge des abgesonderten Nektars pro Blüte hängt zum Teil von der Pflanze selbst ab, zum Teil ist sie umweltbedingt. Großen Einfluss haben die Bodenfeuchtigkeit sowie die Dauer und die Intensität der Sonneneinstrahlung und die Temperatur. Es gibt Pflanzen, die den ganzen Tag und auch während der Nacht in gleicher Menge Nektar absondern. Andere stellen in den Mittagsstunden die Produktion ein. Die Frequenz der Bienen an verschiedenen Pflanzen eines Standortes richtet sich sehr stark nach Dauer und Intensität der Nektarabsonderung, wobei Bienen ein erstaunliches Erinnerungsvermögen entwickeln.

DIE ENTSTEHUNG DES HONIGTAUS

Die Entstehung von Honigtau unterscheidet sich grundlegend von der des Blütennektars. Der Rohstoff des Honigtaus ist zwar ebenfalls Siebröhrensaft und stammt in unseren Breiten meist von Fichte oder Tanne. Doch da diese Pflanzen Windbestäuber sind, benötigen sie keine Insekten zur Übertragung des Pollens. Pflanzensaugende Insekten, in Mitteleuropa sind dies Rindenläuse (Lachniden) und Napfschildläuse (Lecanien), stechen mit ihrem zu einem Saugrüssel ausgebildeten Mundwerkzeug die Leitungsbahnen an und saugen Phloemsaft aus den Siebröhren ab. Im Darmkanal der Pflanzensauger werden dem Pflanzensaft Fermente und Verdauungssäfte beigemengt. Eine anatomische Besonderheit ermöglicht es den Honigtauerzeugern, einen Teil der aufgenommenen Nahrung durch eine Filterkammer vom Vorderdarm direkt in den Enddarm zu befördern. Dabei werden im Überschuss vorhandene Ballaststoffe wie Wasser und Kohlenhydrate, ohne den Verdauungsteil zu passieren, auf kurzem Wege durch den Körper geschleust und als sogenannter Honigtau in Form von kleinen Tröpfchen am Hinterleib ausgeschieden. Der klebrige Saft findet sich auch auf Nadeln, Blättern und Zweigen. Diese Honigtautröpfchen werden von den Bienen gesammelt. Den Läusen dienen lediglich Stickstoffverbindungen als Nahrung. Um ihren Eiweißbedarf decken zu können, setzen sie große Mengen an Phloemsaft um. Die Fichten, Tannen und Lärchen der heimischen Waldgebiete sowie, von untergeordneter Bedeutung, verschiedene Kiefernarten und Laubbäume wie Bergahorn, Linde und Edelkastanie liefern also den Rohstoff für den Waldhonig. Aus chemischer Sicht ist Honigtau eine wässrige Lösung mit einem Zuckergehalt von bis zu 20 Prozent, in erster Linie Saccharose. Er unterscheidet sich vom Blütennektar durch einen höheren Mineralstoffgehalt. Der dunklere Farbton der Honigtauhonige wird durch Rußtaupilze verursacht.

DAS SAMMELN VON NEKTAR UND HONIGTAU DURCH DIE BIENEN

Die Trachtbienen sammeln Honigtau und Blütennektar in ihren Honigblasen und bringen ihn zum Bienenstock. Nach der Rückkehr in die Behausung wird das Sammelgut an bereits wartende Artgenossen abgegeben. Der gesammelte Rohstoff wird rasch von Biene zu Biene weitergereicht und stets von neuem mit bieneneigenen Enzymen angereichert, die aus der Futtersaftdrüse des Bienenkopfes stammen. Diese Weitergabe des Blütennektars wird als „Futterkette" bezeichnet und stellt den eigentlichen Beginn der Honigentstehung dar. Um die eingetragene, zuckerreiche Lösung lagerfähig zu machen, pumpen die Bienen den Inhalt der Honigblase aus ihrem Rüssel und saugen ihn wieder zurück in ihren Körper. Auf diese Weise reduzieren die Bienen den Wassergehalt und mengen körpereigene Enzyme bei. Gleichzeitig werden Rohrzucker und andere Zuckerarten in Glucose und Fructose aufgespalten, was eine zusätzliche Eindickung bewirkt. Bei einem Wassergehalt von 30 bis 40 Prozent wird diese aktive Form der Konzentration eingestellt. Nun beginnt die Phase der passiven Honigtrocknung. In kleinen Tröpfchen wird der halbreife Honig am Boden und an den Wänden der Wabenzellen abgelagert. Durch Ventilation mit den Flügeln saugen die Bienen in der Nacht trockene, kühle Außenluft in den Bienenstock und erwärmen sie hier. Dadurch verringert sich die relative Luftfeuchte und im warmen Luftstrom verdunstet das Wasser aus dem halbreifen Honig, bis ein Wassergehalt von 20 Prozent oder weniger erreicht wird. Ist dies geschehen, wird der fertige Honig von den Bienen in andere Zellen umgetragen und mit einem wasserundurchlässigen Wachsdeckel verschlossen. Während dieses gesamten Reifungsprozesses ändert der Honig seine chemische Zusammensetzung, vor allem die Zucker betreffend. Mithilfe der Fermente des Bienenspeichels werden Saccharosemoleküle, die ursprünglich in Nektar und Honigtau enthalten waren, in ein Gemisch von Fructose und Glucose umgewandelt und zugleich neue Mehrfachzucker aufgebaut.

DIE ENTNAHME DER HONIGWABEN

Die Ernte des Honigs durch den Imker erfolgt nach einigen kühleren Tagen, an denen die Bienen keinen frischen Blütennektar oder Honigtau sammeln können. Mit einem Wachsdeckel verschlossene Waben mit reifem Honig werden entnommen und durch eine stoßartige Bewegung wird der größte Teil der Bienen abgeschüttelt. Die

Napfschildlaus
mit Honigtautröpfchen
auf dem Hinterleib

Verbleibenden werden mit einem kleinen Besen vorsichtig in den Stock zurückgekehrt. Die Bienen erhalten nun frische Waben, um neue Vorräte anlegen zu können.

DIE GEWINNUNG DES HONIGS

Im Honigverarbeitungsraum, der unbedingt bienendicht sein sollte, wird der Wachsdeckel mit einer Entdeckelungsgabel entfernt. Anschließend werden die Waben in einer Honigschleuder durch Zentrifugalkraft entleert. Der frisch geschleuderte Honig wird beim Abfließen mit einem Sieb gereinigt und gelangt in den Klärbehälter. Innerhalb von einigen Stunden steigen Wachsteilchen und kleine Luftbläschen an die Oberfläche und werden vom Imker mit einem Teigschaber abschöpft.

DIE KRISTALLISATION DES HONIGS

Die Kristallisation des Honigs ist ein natürlicher Vorgang. Die Bildung von Kristallen erfolgt aus übersättigten Zuckerlösungen. Bereits kleinste Teilchen im Honig können Kristallisationskeime darstellen, an die sich weitere Kristalle anhängen, bis die gesamte Masse vollständig auskristallisiert ist. Die Art der Kristalle und auch die Geschwindigkeit der Kristallisation sind für die einzelnen Honigsorten charakteristisch und hängen von der Zusammensetzung ihrer Zuckerarten ab. Rapshonig mit hohem Glucoseanteil neigt zu sehr rascher Kristallisation, Akazienhonig mit hohem Fructoseanteil hingegen behält seine flüssige Konsistenz. Erfolgt die Kristallisation von Natur aus, so können sich grobe Kristalle bilden, die einen sandigen Eindruck auf dem Gaumen hinterlassen. Um dies zu vermeiden, steuert der Imker die Kristallisation von Cremehonigen, indem er feincremige Impfhonige zusetzt und den Honig so lange rührt, bis die gesamte Masse die gewünschte Konsistenz aufweist.

DOPPELT FERMENTIERTE HONIGE

Einige Probleme bei der Ernte bereiten Honige, die bereits kurz nach dem Einlagern in die Zellen geleeartig glänzen und schon nach wenigen Tagen vollständig auskristallisieren, insbesondere von der Fichte. Die Ursache für die vorzeitige Kristallisation ist ein hoher Anteil des Mehrfachzuckers Melezitose. Der Honig kann dann nur noch sehr mühsam oder gar nicht geerntet werden. Eine der Möglichkeiten besteht darin, die Bienen als Mitarbeiterinnen einzuspannen. Die Waben werden entdeckelt und auf den Boden des Bienenstockes gelegt. Die Bienen nehmen diese Waben wie eine Futterquelle außerhalb des Bienenstockes wahr, entnehmen die festen Honigkristalle und bringen sie in den oberen Bereich des Bienenvolkes. Durch diese zweite Fermentierung im Bienenorganismus wird der Honig verflüssigt und kann dann vom

Verdeckelte Wabe

Imker – wenn auch mit beträchtlichen Mengeneinbußen – geerntet werden. Honige, die diesen zweiten Fermentierungsprozess durchlaufen, zeichnen sich durch eine Konzentration der Aromastoffe sowie eine hohe Komplexität des Geschmacksbildes aus.

Entdeckelte Wabe

DAS LAGERN UND FÜLLEN DES HONIGS

Honig wird am besten in luftdicht verschlossenen Behältern bei konstanten Temperaturen um zehn Grad Celsius gelagert. Vor dem Abfüllen in Gläser wird der Lagerbehälter in einer Wärmekammer bei einer Lufttemperatur von 40 Grad erwärmt. Der Honig erwärmt sich dabei kaum über 25 bis 30 Grad und es kommt zu keiner Schädigung der Enzyme. Anschließend erfolgt die vollständige Verflüssigung mithilfe eines Wärmesiebes. Dabei wird der Honig kurzfristig mit einer Heizspirale erwärmt und fließt durch ein Seihtuch. Durch die sofortige Abkühlung ist ebenfalls gewährleistet, dass der Honig keinen Schaden nimmt. Nach einer Abkühl- und Klärungsphase können flüssige Honige wie Akazie sofort in Gläser gefüllt werden. Cremehonige werden, um feincremige Konsistenz zu erlangen, mit etwa zehn Prozent Honig, der bereits fein auskristallisiert ist, „geimpft“ und je nach Honigsorte unterschiedlich lange gerührt. Sobald der gesamte Honig diese Konsistenz zeigt, kann auch das Abfüllen der Cremehonige erfolgen.

DIE REIFUNG DES HONIGS NACH DER ERNTE

„So wie die meisten Naturprodukte entwickelt sich Honig ausschließlich zu seinem Nachteil. Er verliert Geschmacks- und Aromasubstanzen und verwandelt sich in eine zuckerhältige Masse von neutralem oder fast neutralem Geruch. Er wird dunkler und trennt sich in Phasen auf (eine flüssige auf der Oberfläche und eine feste Phase darunter). Mit Sicherheit kann man von einem Honig umso mehr sensorische Eindrücke gewinnen, je frischer er ist.“ Dieses etwas nüchterne Urteil des spanischen Honigexperten Antonio Gómez Pajuelo mag auf etliche Honige zutreffen, auf einige mit Sicherheit nicht: Insbesondere Edelkastanien- und Waldhonige können durch mehrjährige, sachgerechte Lagerung ein äußerst komplexes Geschmacksbild entwickeln. In diesen Jahrgangshonigen entstehen – ähnlich wie bei alten Weinjahrgängen – Reifearomen, die ursprünglich nicht im Honig enthalten waren.

Inhaltsstoffe

DES HONIGS

Im Honig ist eine große Vielfalt an Stoffen wie unterschiedliche Zucker, Enzyme, Aminosäuren, Proteine, Mineralstoffe, Vitamine, Spurenelemente, Aromastoffe etc. vorhanden. Man kann daher dem Produkt nicht gerecht werden, wenn lediglich einzelne Komponenten betrachtet werden. Es gilt der Satz aus der Metaphysik des Aristoteles *„Das Ganze ist mehr als die Summe seiner Teile."* Fälschlicherweise wird der Nährwert von Honig oft mit dem des Rübenzuckers gleichgesetzt. Allerdings ist Honig kein isolierter Nährstoff wie raffinierter Zucker und unterscheidet sich auch stark in der chemischen Zusammensetzung. Honig zeigt auch andere Wirkungen im menschlichen Organismus. Es folgt nun eine kurze Auflistung der wichtigsten Inhaltsstoffe des Honigs und deren ernährungsphysiologische und pharmazeutische Bedeutung.

ZUCKER

Honig kann bis zu dreißig verschiedene Zuckerarten enthalten, wobei Traubenzucker (Glucose) und Fruchtzucker (Fructose) vorherrschend sind. Blütenhonige bestehen zu 70 bis 80 Prozent aus Zucker. Bei Honigtauhonigen sind es etwa 50 bis 65 Prozent. Die Zucker stammen entweder direkt aus den pflanzlichen Rohstoffen und werden von den Pflanzen durch Photosynthese gebildet. Oder sie werden von den Bienen, mithilfe von Fermenten, in andere Zuckerarten umgewandelt. Der Anteil an den einzelnen Zuckerarten ist nicht in jedem Honig gleich. Einige Honigsorten, wie etwa Akazienhonig, sind besonders reich an Fructose. Dies sind auch die Sorten mit geringer Neigung zur Kristallisation. Raps-, Löwenzahn- und Sonnenblumenhonig hingegen enthalten überwiegend Glucose und kristallisieren aus diesem Grund sehr rasch. Weitere Zuckerarten sind der Malzzucker (Maltose), der mit einem Anteil von vier bis 15 Prozent im Honig vertreten ist, und Saccharose (Rohrzucker), der einen Anteil von fünf Prozent bei Blüten- und zehn Prozent bei Honigtauhonigen nicht übersteigen darf. Ein höherer Saccharosegehalt deutet darauf hin, dass Zucker aus der Auffütterung der Bienen in den Honig gelangt ist. Da nicht alle Zuckerarten des Honigs gleichzeitig in die menschliche

Im Honig ist eine große Vielfalt an Stoffen enthalten. Das Ganze ist mehr als die Summe seiner Teile.

Blutbahn aufgenommen werden, bewirkt diese komplexe Zusammensetzung des Honigs mit verschiedenen Zuckern, dass der Blutzuckerspiegel nach Genuss von Honig nicht so stark ansteigt und der Stoffwechsel weniger belastet wird, als wenn die gleiche Menge an Rübenzucker konsumiert wird.

WASSER

Der ursprüngliche Wassergehalt von Nektar und Honigtau beträgt etwa 75 Prozent. Durch die kontinuierliche Trocknungsarbeit der Bienen reduziert sich dieser im fertigen Honig auf circa 19 Prozent. Ein höherer Wassergehalt lässt auf zu früh und daher unreif geerntete Honige schließen. Der niedrige Wassergehalt ist für die Haltbarkeit des Honigs von großer Bedeutung. Honige mit einem hohen Wassergehalt können zu gären beginnen.

STICKSTOFF-VERBINDUNGEN

Unter Stickstoffverbindungen versteht man eiweißartige Verbindungen wie Aminosäuren und Enzyme. Im Gegensatz zu den Zuckern, die pflanzlichen Ursprungs sind, stammen die meisten Eiweißverbindungen im Honig von den Bienen. Ihr Anteil beträgt zwar nur 0,3 bis 0,8 Prozent, doch spielt beispielsweise das Enzym Saccharase, verantwortlich für die Aufspaltung der Zucker, eine große Rolle. Ein weiteres Enzym, die Glucoseoxidase, hat die Eigenschaft, in einer wässrigen Honiglösung einen Teil des enthaltenen Traubenzuckers in Gluconsäure und Wasserstoffperoxyd aufzuspalten. Die dabei entstehende Säure wirkt keimtötend. Der Enzymgehalt der einzelnen Honigsorten ist unterschiedlich. Edelkastanienhonig zeichnet sich durch einen besonders hohen Gehalt an Enzymen aus.

AROMASTOFFE

Honig enthält viele verschiedene Aromastoffe, die in unterschiedlicher Menge und Zusammensetzung den Geruch und Geschmack jeder Sorte prägen. Viele dieser Stoffe sind längst chemisch identifiziert. Methylanthranilat ist beispielsweise der Geschmacksträger für Orangenblütenhonige.

MINERALSTOFFE UND SPURENELEMENTE

Die Mineralstoffe gelangen über die pflanzlichen Rohstoffe in den Honig. Honigtauhonige haben einen bis zu zehnfach höheren Wert an Mineralstoffen als Blütenhonige. Man findet überwiegend Kaliumsalze, aber auch Natrium, Magnesium, Calzium, Phosphor sowie die Spurenelemente Eisen, Kupfer, Mangan und Chrom in Honig. Diese steuern biologische Abläufe und sind für den menschlichen Stoffwechsels unentbehrlich. Besonders reich an Mineralstoffen ist Honigtauhonig von der Fichte.

SÄUREN

Mit einem pH-Wert von 4 bis 4,5 gelten Honige, chemisch gesehen, als Säuren. Im Bienenhonig findet sich eine Vielzahl an organischen Säuren, die zu einem kleinen Teil von den Pflanzen, zum größeren Teil aus den Speichelsekreten der Bienen stammen. Säuren, wie z. B. Ameisen-, Bernstein-, Essig-, Glucon- und Buttersäure, entstehen auch bei der Zuckerumwandlung. Diese Säuren beeinflussen das Geschmacksbild der einzelnen Honigsorten und wirken anregend auf Appetit und Verdauung. Besonders hohe Säurewerte findet man in Honigen von der Edelkastanie und der Sonnenblume. Arm an Säure und dadurch bei Magenbeschwerden besonders verträglich ist Rapshonig.

VITAMINE

Vitamine gelangen über Pollen und Bienensekrete in den Honig, allerdings ist der Gesamtgehalt im Honig gering. In Spuren findet man Vitamin C, Vitamin B1, Vitamin B2 und Vitamin B6. Die fettlöslichen Vitamine fehlen. Von großer ernährungsphysiologischer Bedeutung im menschlichen Körper ist Vitamin B1 für die Zuckerverwertung.

POLLEN

Der Pollengehalt einzelner Honigsorten unterscheidet sich stark in Menge und Zusammensetzung. Sehr pollenreich sind einige Blütenhonige wie der von Klee, Raps, Sonnenblume und Löwenzahn. Diese können bis zu zwei Millionen Pollenkörner pro 100 Gramm Honig enthalten. Geringe Mengen an Pollen enthalten Honigtauhonige. Schon sehr geringe Mengen an Pollen können bei Allergikern, nach Genuss von Honig, unerwünschte Reaktionen auslösen. Allerdings werden dem Blütenpollen auch positive Wirkungen zugeschrieben, indem er die Durchblutung des Dünndarms und damit die gesamte Verdauung fördern soll. Allergiespezialisten empfehlen den regelmäßigen Konsum von kleinen Mengen an Honig, der in unmittelbarer Wohnumgebung gewonnen wurde, um eine langsame Gewöhnung an Blütenpollen zu erreichen.

Sensorik

DES HONIGS

Zur qualitativen Beurteilung von Honigen werden im Allgemeinen mehrere Methoden angewandt: sensorische Analyse, chemisch-physikalische Untersuchung sowie – zur Bestimmung der botanischen und geografischen Herkunft – auch eine Analyse des Pollenbildes. Thema des folgenden Kapitels ist ausschließlich die Sensorik des Honigs.

Die intensive Verkostung eines Honigs ist ein mehrdimensionales Erlebnis. Sie umfasst visuelle Eindrücke, die Wahrnehmung von Geruch und Geschmack sowie das Erfassen von haptischen Reizen am Gaumen. Über sensorische Eindrücke des Honigs zu reden, ist nicht einfach, da es dafür keine objektive Sprache gibt. Zusätzlich treten insbesondere multiflorale Honige in unzähligen Varianten und Aroma-Nuancierungen auf. Ähnlich wie bei der Beschreibung von guten Weinen ist auch die sensorische Beschreibung von komplexen Honigen weit mehr als nur die Identifizierung ihrer Sorte. Im Fokus steht das Gleichgewicht zwischen den sinnlichen Eindrücken, die Harmonie zwischen Zucker, Säure, Aroma und Textur. Zur Beschreibung von aromatischen Wahrnehmungen des Honigs werden Begriffe verwendet, die allgemein bekannt und einfach wiederzuerkennen sind. So wird versucht eine Sprache zu finden, die der komplexen Natur dieses genialen Bienenprodukts gerecht wird.

DAS AUSSEHEN DES HONIGS

Zu Beginn einer detaillierten Honigverkostung steht die Beurteilung der sichtbaren Eigenschaften. Zu diesen zählen: Farbe, Homogenität und Sauberkeit. Der Farbton von heimischen Honigen umfasst ein breites Spektrum. Er reicht von hellgelb-wasserfarben bei Akazienhonig über milchweiß-hellgrau bei kristallisierten Rapshonigen bis zur dunkelgelben Färbung des Löwenzahn- oder Sonnenblumenhonigs. Honigtauhonige sind meist bernsteinfarben in feinen Abstufungen. Zu den dunkelsten Honigen unserer Klimazone zählt Tannenhonig. Edelkastanienhonige sind heller und haben einen rötlichen Schimmer. Etwas komplizierter wird die Sache, weil Honig durch die Kristallisation ausbleicht und seine Farbe ändert. Honigsorten, die zu rascher Kristallisation neigen, werden daher immer im kristallisierten Zustand beurteilt.

Bei den Farbstoffen des Honigs handelt es sich um phenolische Verbindungen, die den einzelnen Honigen ihre charakteristische Farbe verleihen. Sie werden bereits in den Pflanzensäften gebildet. Frühlingshonige sind meist heller als Honige, die später geerntet werden.

DER GERUCH DES HONIGS

Mithilfe des Geruchssinnes werden gasförmige Aromastoffe wahrgenommen. Die dafür zuständigen Organe befinden sich in der Nasenschleimhaut. Während etwa Hunde bereits einzelne Moleküle wahrnehmen können, ist der menschliche Geruchssinn nur schwach ausgeprägt. Allerdings schafft es der Mensch, einige tausend Duftstoffe zu unterscheiden, wobei er jedoch nur einen kleinen Teil davon identifizieren kann. Gelangt ein Geruchsstoff ständig in die Nasenschleimhaut (etwa starkes Parfum), so gewöhnt sich das Riechorgan daran und dieser Duftstoff wird nicht

FARBSPEKTRUM DES HONIGS

Akazienhonig
/ Seite 148

Alpenrosenhonig
/ Seite 253

Kleehonig
/ Seite 198

Rapshonig
/ Seite 121

Bärlauchhonig
/ Seite 92

Himbeerblütenhonig
/ Seite 197

Sonnenblumenhonig
/ Seite 123

Das Farbspektrum von Honig reicht von hellgelb-wasserfarben über milchweiß-hellgrau bis zu dunkelgelb und bernsteinfarben.

Löwenzahnhonig
/ Seite 194

Rosskastanienhonig
/ Seite 66

Lindenhonig
/ Seite 69

Kirschblütenhonig
/ Seite 146

Faulbaumhonig
/ Seite 96

Kornblumenhonig
/ Seite 124

Buchweizenhonig
/ Seite 126

Bergahornhonig
/ Seite 228

Goldrutenhonig
/ Seite 99

Fichtenhonig
/ Seite 225

Edelkastanienhonig
/ Seite 151

Tannenhonig
/ Seite 227

Reinsortig (hierzulande) nicht verfügbar:

Götterbaumhonig
/ Seite 70

Weidenhonig
/ Seite 95

Springkrauthonig
/ Seite 100

milchweiß | *hellgelb* | *dunkelgelb* | *hellbernstein* | *bernstein* | *dunkelbernstein*

In typischen monofloralen Honigen des Alpenraumes finden sich vorwiegend Geruchsaromen, die vier „Aromafamilien" zugeordnet werden können: *fruchtig – grün – floral – würzig.*

mehr als solcher wahrgenommen. Geruchs- und Geschmackswahrnehmungen sind außerdem stark von der Tagesverfassung der Testperson abhängig. Ein Aspekt der Beurteilung von Geruch und Geschmack von Honig ist die Erkennung der Sorte. Der Honiggeruch ist bei den einzelnen Sorten sehr unterschiedlich und auch die Intensität variiert sehr stark. Löwenzahnhonig etwa ist äußerst charakteristisch und schon am Geruch leicht erkennbar. Blütenhonige von Klee und Alpenrose hingegen sind aufgrund des Geruches kaum zu identifizieren. Nach der zeitlichen Abfolge der Geruchswahrnehmung unterscheidet man zwischen direktem Riechen am Honig vor einer Verkostung (erste Nase) und dem indirekten Riechen während des Verspeisens (zweite Nase). Durch Kauen und Erwärmung werden z. B. in Honigkristallen verschlossene Aromastoffe im

Mund freigegeben und gelangen auf diese Weise über den Rachen an die Riechzellen. Florale Noten kommen meist rasch zum Vorschein, Würze und Frucht benötigen etwas länger. Es macht daher Sinn, sich bei der sensorischen Beurteilung eines Honigs Zeit zu lassen. Die komplexen Aromen eines Honigs werden meist nur durch Verkostung bestimmt. Einzelkomponenten von Aromastoffen können auch analytisch mithilfe der Gaschromatografie bestimmt werden. Das Verfahren ist allerdings sehr aufwendig, da allein das Aroma des Lindenblütenhonigs aus mehr als hundert Komponenten besteht.

DER GESCHMACK DES HONIGS

Die Geschmacksrezeptoren befinden sich im Bereich der Zunge. Allgemein werden fünf Geschmacksrichtungen unterschieden: süß – sauer – bitter – salzig – umami. Letzteres ist ein Lehnwort aus dem Japanischen und beschreibt Sinneseindrücke wie „fleischig" oder „würzig". Alle Grundgeschmacksarten können im gesamten Bereich der Zunge wahrgenommen werden. Für heimische Honige sind die ersten drei von Bedeutung. Süßer Geschmack ist in allen Honigen vorherrschend, doch einige Honige haben weitere mehr oder weniger stark ausgeprägte Geschmackskomponenten, die sie voneinander unterscheidbar machen.

DIE GERUCHSAROMEN DES HONIGS

Fruchtig

Fruchtig-tropisch-Ananas
Sonnenblumenhonig

Fruchtig-tropisch-Passionsfrucht
Sonnenblumenhonig

Fruchtig-Obst-Muskattraube
Götterbaumhonig

Grün

Grün-gekochtes Weißkraut
Rapshonig

Floral

Floral
Akazienhonig, Kleehonig, Alpenrosenhonig

Floral-Kamillenblüten
Löwenzahnhonig

Floral-Pfefferminze
Lindenhonig

Floral-Salbei
Lindenhonig

Floral-Holunder
Götterbaumhonig

Würzig

Würzig-rustikal
Buchweizenhonig

Würzig-Menthol
Lindenhonig

Würzig-Knoblauch
Bärlauchhonig

Würzig-Bittermandel
Kirschblütenhonig

Würzig-Vanille
Akazienhonig

Würzig-Muskatnuss
Akazienhonig

Würzig-Gerbstoff, nasses Eichenholz
Edelkastanienhonig

Würzig-Malz
Fichtenhonig

Würzig-Karamell
Fichtenhonig

Würzig-Wacholder
Fichtenhonig

Würzig-schwarzer Pfeffer
Fichtenhonig

Würzig-Rauch
Tannenhonig

Würzig-Harz
Tannenhonig

Würzig-Balsamessig
Tannenhonig

Würzig-Tabak
Tannenhonig

Würzig-Blütenpollen
Sonnenblumenhonig

Würzig-Heu
Sonnenblumenhonig

Die Wahrnehmung der einzelnen Geschmacksrichtungen erfolgt nicht zeitgleich. Süßer Geschmack, etwa bei Klee- und Kirschhonig, wird sehr rasch wahrgenommen, Bitterstoffe von Edelkastanie und Rosskastanienhonig benötigen meist ein längeres Einspeicheln und Kauen des Honigs. Einige Honigsorten wie Sonnenblume weisen auch eine erfrischende Säure auf, die den Eindruck der Süße verdeckt, bei anderen – etwa Klee – fehlt die Säure völlig. Kleehonig wirkt dadurch ausgesprochen süß. Salziger Geschmack findet sich etwa bei Strandfliederhonigen aus dem Veneto. Umami-Geschmack kommt bei Honigen nicht vor. Zur Beurteilung gelangen neben der Beschreibung des Geschmacks auch dessen Intensität und Nachhaltigkeit. Honigsorten wie Linde hinterlassen einen lange anhaltenden Nachgeschmack, andere wie z. B. Akazie verschwinden sehr rasch vom Gaumen. Der Nachgeschmack, also der Eindruck, der nach dem Schlucken im Mund zurückbleibt, ist der Abschluss der sensorischen Prüfung. Er stellt so etwas wie die aromatische Nachhaltigkeit eines Honigs dar.

DIE KONSISTENZ DES HONIGS

Die Konsistenz des Honigs hängt stark vom Wassergehalt und von der Kristallisationsneigung der einzelnen Sorten ab. Die Honigkristalle können feinkörnig sein oder eine sandige bis grobe Textur aufweisen, die nur langsam am Gaumen schmilzt. Der Wassergehalt kann relativ einfach durch seine Viskosität festgestellt werden, je weniger Wasser er enthält, desto zähflüssiger ist der Honig. Allerdings ändert sich die Viskosität auch mit der Temperatur des Honigs. Wird dieser erwärmt, so erscheint er dünnflüssiger. Einige Honigsorten, wie etwa Heidehonig, enthalten einen hohen Proteinanteil und können im Extremfall eine gelatineartige Konsistenz mit großen runden Kristallen haben. Zusätzlich haben sie einen höheren Wassergehalt als andere Honige. Um die Textur eines kristallisierten Honigs zu testen, reicht es, etwas Honig auf die Zungenspitze zu nehmen und damit über den Gaumen zu streichen. Sofort spürt man die Beschaffenheit der Kristalle, die durch Erwärmung und Reibung mehr oder weniger langsam abschmelzen und, wie im Falle eines Lindenblütenhonigs mit groben Naturkristallen, erst nach und nach das für ihn typische Menthol-Aroma freigeben.

WELCHE FAKTOREN BEEINFLUSSEN GERUCH UND GESCHMACK DES HONIGS?

Bienen reagieren auf Gerüche, haben aber offensichtlich keinen Geschmackssinn jenseits von süß und nicht süß. Die Bienenrasse spielt dabei keine Rolle, denn die einzelnen Rassen produzieren keine unterschiedlichen Honige. Sie sammeln Nahrung, entsprechend ihrer Vorlieben und den Vorgaben der Jahreszeit und des Standortes. Es ist einzig die Nektarquelle, die den Honiggeschmack bestimmt. Eine Möglichkeit, Einfluss auf die Frucht der harten Bienenarbeit zu nehmen, hat der Imker mit der Entscheidung, den im Frühjahr eingetragenen Honig gleich zu ernten oder noch auf die späteren Honigsorten zu warten und dann einmalig einen Ganzjahreshonig zu schleudern.

ÜBER HONIG REDEN – HONIGBESCHREIBUNGEN

Vielen Imkern fällt es wesentlich leichter, von ihren Bienenabenteuern zu erzählen, als ihre Honige zu beschreiben. Liest man Honigbeschreibungen von Imkern im Internet, fallen kulturbedingte Unterschiede in der „Honigsprache" auf: Während sich das norddeutsch-protestantische Vokabular eher auf wenige Adjektive wie „blumig" und „herb" beschränkt, denen der Imker vielleicht noch eine Negation von Fehlgerüchen und -geschmäckern hinzufügt, zeigen Honigbeschreibungen aus Frankreich, Italien und Spanien meist eine differenziertere Ausdrucksweise und deutlich mehr Lebensfreude.

DIE GESCHMACKS-PARTNERSCHAFTEN MIT HONIG

Durch geschickte Kombination von Lebensmitteln, die ähnliche Aromakomponenten aufweisen, (z. B. Chicorée und Löwenzahnhonig), können sensorische Eindrücke verstärkt, ausbalanciert oder auch zum Verschwinden gebracht werden. Kombiniert man Zutaten mit gegensätzlichen Aromen (z. B. Frischkäse und Edelkastanienhonig), wird durch Kontrastierung eine zusätzliche Spannung aufgebaut. Aufgrund der komplexen Aromastruktur bieten sich viele Honige für eine experimentelle Verwendung in der Küche geradezu an. Am bekanntesten sind Kombinationen von Käse mit Honig.

Optische Beeinträchtigung

BLÜTENBILDUNG

Kristallisierter Honig im Glas zeigt manchmal weiße Flecken, die man als „Blütenbildung" bezeichnet. Besonders häufig tritt dies bei wasserarmen Honigen, wie etwa Sonnenblume, und bei Lagerung unter besonders kühlen Temperaturen auf. Durch Kälte verringert der Honig sein Volumen und zieht sich zusammen. In die frei gewordenen Hohlräume zwischen Honig und Glas dringt Luft ein und führt zur Fleckenbildung. Die Blütenbildung ist eigentlich ein Qualitätsmerkmal von besonders reifen Honigen und kann durch Erwärmen des Honigs im lauwarmen Wasserbad (< 40° C) leicht behoben werden.

Optische Beeinträchtigung – Blütenbildung

Optische Beeinträchtigung – Entmischung

Blütenbildung ist ein Qualitätsmerkmal von reif geernteten Honigen.

Optische Beeinträchtigung

ENTMISCHUNG

Einige Sortenhonige neigen zur Trennung der flüssigen Phase, die reich an Fructose ist, von festen, glucosereichen Bestandteilen. Durch Kristallbildung setzen sich die Glucosemoleküle am Boden fest. Darüber entsteht eine wasserreiche Phase. Der Grund dafür ist, dass Glucose bei der Kristallbildung weniger Wasser binden kann, als ursprünglich im flüssigen Honig vorhanden war. Sofern keine Gärung eingesetzt hat, kann diese optische Beeinträchtigung leicht durch Rühren behoben werden.

HONIGFEHLER – GÄRUNG

Da diese wasserreiche Fructoselösung an der Oberfläche des Honigs ein ausgesprochen günstiges Medium für das Wachstum von Hefen bildet, kann Honig, sofern er unreif geerntet und zusätzlich unter ungünstigen Bedingungen (hohe Temperatur und hohe Luftfeuchtigkeit) gelagert wurde, zu gären beginnen. Erkennbar ist beginnende Gärung durch Überdruck und ein zischendes Geräusch beim Öffnen des Glases. Ein sicheres Zeichen für beginnende Gärung sind auch Schaumbildung sowie säuerlicher Geruch und Geschmack des Honigs. Honig in Gärung ist verdorben und darf nicht in Verkehr gebracht werden.

Der Honigmarkt

IN ÖSTERREICH

Honig ist rar, guter Honig wahrer Luxus. Laut Statistik Austria bewirtschaften in Österreich rund 25.500 Imker mehr als 380.000 Bienenvölker. Damit hält jeder Imker im Schnitt 15 Völker. Niederösterreich bildet dabei mit über 4000 Imkern, gemeinsam mit den Bundesländern Oberösterreich und Steiermark, das österreichische Zentrum der Bienenhaltung. Die Struktur der Betriebe ist sehr unterschiedlich. Sie reicht von Hobbybetrieben mit einigen wenigen Völkern für die Deckung des Eigenbedarfes über Nebenerwerbsbetriebe bis hin zu einigen Haupterwerbsbetrieben mit mehr als 150 Völkern. Wenige Betriebe bewirtschaften dabei mehr als 400 Völker. Die Produktionsmenge schwankt je nach Witterungsbedingungen zwischen 4000 bis 6500 Tonnen pro Jahr. Etwa 70 Prozent der Produktionsmenge setzen die Imker über die Direktvermarktung ab. Die nebenstehende Tabelle zeigt die Versorgungsbilanz für Honig in Österreich in den Jahren 2007 bis 2015. 2014 fiel durch eine unterdurchschnittliche Ernte von nur 4300 Tonnen aus dem Rahmen. Der Grund war die nass-kühle Witterung, die für Bienen besonders ungünstig war. Der Pro-Kopf-Verbrauch bleibt jedoch konstant und liegt bei etwas über einem Kilogramm Honig pro Jahr und Person. Die schlechtere Honigernte 2014 wurde durch höhere Honigeinfuhren ausgeglichen, wodurch sich in diesem Jahr der Selbstversorgungsgrad mit zirka 41 Prozent beziffern lässt. Der Selbstversorgungsgrad in Österreich ist seit 2007 kontinuierlich im Sinken und hat sich erst 2015 wieder leicht verbessert. Wer diese Zahlen auch nur flüchtig betrachtet, erkennt sofort, dass in diesem Sektor der Landwirtschaft noch genügend Platz für Neueinsteiger vorhanden ist, sowohl für professionelle als auch für Hobbyimker. Die Imkerei ist nicht nur eine der schönsten, sondern auch eine der anspruchsvollsten Tätigkeiten im Bereich der Nahrungsmittelerzeugung. Sie erfordert solide Kenntnisse, großen zeitlichen Einsatz und Durchhaltevermögen. Für Interessierte gibt es im Anhang des Buches einen Tipp für einen Einsteigerkurs in die Imkerei.

VERSORGUNGSBILANZ FÜR HONIG IN ÖSTERREICH

Jahr	Erzeugung	Einfuhr	Ausfuhr	Verbrauch	Pro Kopf in kg	Selbstversorgung %
2007	6.300	4.426	1.183	9.543	1,2	66
2008	5.700	5.055	1.114	9.641	1,2	59
2009	5.500	5.452	1.031	9.920	1,2	55
2010	5.000	6.124	1.232	9.892	1,2	51
2011	5.600	6.143	1.788	9.955	1,2	56
2012	5.300	7.010	2.546	9.764	1,2	54
2013	5.000	8.114	2.352	10.761	1,3	46
2014	4.300	8.568	2.412	10.456	1,2	41
2015	4.800	7.530	2.059	10.271	1,2	47

Quelle: Statistik Austria

Die Wanderimkerei

WARUM IMKER MIT IHREN BIENEN WANDERN

In der gemäßigten Zone der Nordhalbkugel blühen Pflanzen nur in einem Teil des Jahres und nur wenige Pflanzen blühen länger als ein paar Wochen. Um den Zeitraum der Honigproduktion auszuweiten, nutzen Imker aus alter Tradition benachbarte Zonen, indem sie ihre Bienenstöcke dorthin transportieren. Zonen in verschiedenen Höhenstufen bieten Futter zu verschiedenen Jahreszeiten und andere Böden und Niederschlagskonstellationen lassen verschiedene Pflanzen gedeihen. Durch Wanderung mit den Bienen kann eine Erwerbsimkerei wirtschaftlich erfolgreich betrieben werden.

In unseren Breiten beginnt das kurze Bienenjahr im März mit der Blüte der Palmweide und endet bereits im Juli mit dem Abblühen der Sonnenblume. Um diese kurze Zeitspanne optimal auszufüllen und etwaige Trachtlücken zu schließen, gehen Imker mit ihren Bienen auf die Reise. Dabei werden keine transkontinentalen Distanzen bewältigt, wie amerikanische Großimker dies im Film „More than Honey" vorführen. Die verschiedenen Vegetationszonen in den Randbereichen der Ostalpen liegen nicht allzu weit voneinander entfernt. Daher dauert die Reise mit den Bienen kaum mehr als ein bis zwei Stunden. Die Bienenstöcke werden nur in der Nacht transportiert, da dann alle Bienen in ihr Heim zurückgekehrt und die Temperaturen tiefer sind. Die Gefahr, dass die irritierten Bienen so viel Hitze erzeugen, dass sogar das Wachs in den Stöcken schmelzen kann und das Volk abstirbt, ist dann nicht gegeben. Am Zielort angekommen, wird das Flugloch sofort geöffnet, doch nur wenige Bienen verlassen zur Nachtstunde ihr Heim. Im Morgengrauen beginnen die Bienen ihr Tagwerk wie gewohnt: sorgsame Orientierungsflüge erst, Erkundung von Magnetfeldern und Sonnenstand und bald darauf die Suche nach neuen Pollen und Nektarquellen.

Die Auswahl der Wanderplätze erfolgt mit großer Sorgfalt. Der Imker versucht die Landschaft mit den Augen seiner Bienen zu betrachten: Nahrung, Wasserquelle, Höhenlage, Windexposition, Himmelsrichtung. Voraussetzung für die Bienenwanderung sind Erfahrung und Intuition sowie die genaue Kenntnis der örtlichen Gegebenheiten durch den Imker: Welche Bienentrachtpflanze blüht zu welcher Zeit, an welchem Ort? Um reinsortige Honige zu gewinnen, entnimmt der Imker, nach Blühende einer Trachtpflanze, reife Honigwaben aus den Bienenvölkern und ersetzt sie durch frische Waben. Bei einer Wanderfolge Raps-Akazie-Wald-Sonnenblume etwa, ist die Ernte von vier monofloralen Honigen in Serie mit denselben Bienenvölkern möglich. Theoretisch. Und nur unter günstigen

Um die kurze Zeit zwischen Blüte der Palmweide und Abblühen der Sonnenblume zu nützen, gehen Imker mit ihren Bienen auf Reisen.

Die Tradition der Wanderimkerei geht bis in die Antike zurück. Wurden früher Packesel genutzt, bedient man sich heute Transportern oder Lkws.

Die Fotos zeigen Fahrzeuge, die in Slowenien als mobile Bienenbehausungen genutzt werden.

Wettervoraussetzungen. Denn das letzte Wort hat immer die Natur und sie mischt jedes Jahr die Karten neu.

GESCHICHTE DER WANDERIMKEREI

Eine antike Quelle, die Bienenwanderung bezeugt, stammt vom römischen Schriftsteller Columella (70 n. Chr.). Er schreibt, dass Bienenwanderung unter anderem im antiken Griechenland und in Sizilien praktiziert wurde, wo Bienenstöcke von allen Teilen der Insel nach Hybla – damals schon berühmt für seine Honige – transportiert wurden. Als Transportmittel dienten Packesel, Maultiere und, wo der Seeweg möglich war, Boote.

Plinius (23–79 n. Chr.) erwähnt eine derartige Bienenwanderung auf dem Po in Norditalien: *„Wenn Futter für die Bienen in der unmittelbaren Nachbarschaft lockt, packen die Bewohner ihre Bienenstöcke auf Boote und fahren mit ihnen in der Nacht einige Kilometer flussaufwärts. Die Bienen erwachen morgens, fliegen aus, um Nektar zu holen, und kehren zum Boot zurück. Wenn das Boot tief ins Wasser versinkt, ist dies das Zeichen, dass die Waben voll sind. Dann werden die Boote zurückgebracht und der Honig geerntet."*

Maria Theresia erließ im Jahre 1760 ein Gesetz, das alle Verbote von „vorübergehender Imkerei" in der Habsburgermonarchie aufhob, und begünstigte auf diese Weise die Wanderimkerei. Ende des 19. Jahrhunderts bedienten sich Imker der Eisenbahn, um Bienen über größere Distanzen zu verschicken. Heutzutage erfolgt die Bienenwanderung mit Transportern oder Lkws.

Große Tradition hat die Wanderimkerei auch in der Lüneburger Heide in Norddeutschland, wo weite Landstriche mit sauren Böden von Heidekraut, lat. *Calluna vulgaris*, bedeckt sind. Die Blüte des Heidekrauts ist im August/September, zu einer Zeit also, wo kaum andere Blüten verfügbar sind. Heideböden haben kaum früher blühende Pflanzen, daher ist ein ganzjähriges Überleben der Bienen in diesen Zonen nicht möglich.

HONIG

·

Landschaften

·

UND DEREN
IMKER/INNEN

Wie kommt guter Honig zu seinem Geschmack? Und welche botanischen Quellen sind der Grund dafür? Und wo ist diese oder jene Honigtrachtpflanze anzutreffen? Fragen, die Imkern häufig von Honigkonsumenten gestellt werden, weltweit wahrscheinlich, zumindest überall dort, wo Bienenhonig erzeugt und gegessen wird.

Wie kaum ein anderes Naturprodukt ist Honig geprägt vom jeweiligen Klima und der spezifischen Flora der Landschaft, aus der er stammt. Bedingt durch den kleinen Aktionsradius der Bienen von etwa vier Kilometern bewirken oft schon kleine Standortveränderungen der Bienenvölker immense Unterschiede der Honige in Bezug auf Farbe, Geruch und Geschmack.

Es sind natur- und kulturbedingte Faktoren, die den Geschmack eines Honigs bestimmen. Zum einen ist es die natürliche Vegetation, zum zweiten die landwirtschaftliche Nutzung der Landschaft. Ein Blick auf die Landkarte macht sehr rasch klar: Der gesamte mitteleuropäische Raum wird klimatisch sehr stark von den Alpen geprägt. Sie sind das zentrale Landschaftselement. Die Alpen sind es, die die Menge an Niederschlägen bestimmen und die Temperaturzonen gliedern. Inneralpin ist es die steigende Seehöhe, die den größten Einfluss auf die Vegetation hat, da mit steigender Höhe die Niederschläge ansteigen, die Vegetationszeit abnimmt und die Temperaturextreme höher werden. Man unterscheidet daher alpine Vegetationsstockwerke, für die jeweils bestimmte Pflanzengesellschaften charakteristisch sind. Dabei gibt es nirgends klare Grenzen, sondern immer breite Übergangsräume, so dass fast jedes Alpental eine eigene Vegetationszusammensetzung aufweist.

Die Alpen beeinflussen auch Klima und Vegetation im voralpinen Bereich und in den Randzonen. Der Ostalpenrand liegt im Niederschlagsschatten der Weströmungen und wird von den regenreichen Atlantiktiefs, die meistens den Alpenhauptkamm entlang Richtung Osten ziehen, nicht erreicht. Tiefdruckzonen von der Adria sind seltener und gelangen nicht immer bis an den östlichen Alpenrand. Der stark besonnte Südostrand lässt Pflanzen in höhere Lagen vordringen, mediterrane Einflüsse zeigen sich in der Vegetation. Im Osten ist es der kontinentale Einfluss mit trockenen, heißen Sommern und kalten Wintern, der starken Einfluss auf die Zusammensetzung der Vegetation hat. Doch auch die landwirtschaftliche

Wie kaum ein anderes Naturprodukt ist Honig geprägt vom jeweiligen Klima und der spezifischen Flora der Landschaft, aus der er stammt.

Nutzungsart einer Region entscheidet, ob und welche botanischen Quellen den Bienen zur Verfügung stehen. Die landwirtschaftlich genutzten Flächen in Österreich sind in etwa gleich groß wie die Waldflächen. Beide zusammen machen etwa 80 Prozent der gesamten Staatsfläche aus. Die Agrarfläche teilt sich wiederum etwa zur Hälfte in Ackerland mit Schwerpunkt in den östlichen Bundesländern und Grünland vor allem in den westlichen Landesteilen.

Um nun auf die eingangs gestellte Frage, wie guter Honig zu seinem Geschmack kommt, gültige Antworten zu finden, besuchen wir gemeinsam mit dem Wanderimker Johannes Gruber Kollegen in verschiedenen Klima- und Vegetationszonen des Ostalpenraumes. Wir erkunden die bienenrelevante Vegetation, fragen nach den Haupttrachtpflanzen und informieren uns über die Besonderheiten der Imkerei in der jeweiligen Honiglandschaft.

Die Reise des Wanderimkers – diesmal ausnahmsweise ohne Bienen – beginnt am östlichen Rand des Alpenbogens, in der Donaumetropole Wien, geht weiter in die Aulandschaften der Lafnitz, des Grenzflusses zwischen der Steiermark und dem südlichen Burgenland. Anschließend wandern wir weiter in die Feldkulturen des Weinviertels, um dann noch einmal in den warmen Hügellandschaften des Südburgenlands zu verweilen. Nach einem Abstecher in die Hochmoore des Waldviertels begeben wir uns ins Bergland, in die Wiesen des nördlichen Alpenvorlandes in Bayern. Dann kommen wir noch einmal zurück in die Wälder des östlichen Alpenrandes und beenden unsere Honigreise im Hochgebirge Tirols.

Die offensichtliche Ostlastigkeit bei der Auswahl der Honiglandschaften hat ihren Grund darin, dass gerade der Osten und Südosten Österreichs, also der Bereich der Abflachung der Ostalpen und des Übergangs zur ungarischen Tiefebene, von verschiedenen Klima- und Vegetationszonen geprägt wird. Diese Zonen bieten den Bienen eine besonders große Zahl an unterschiedlichen Futterquellen. Die Vielfalt an Sortenhonigen, die die Imker gerade hier ernten, ist der Grund, warum sich die meisten Wander- und Erwerbsimker in den östlichen Bundesländern finden. Diese unterschiedlichen Agrar- und Vegetationszonen sind durch Bienenwanderung auf kurze Distanz erreichbar und ermöglichen es Imkern, ihr Gewerbe wirtschaftlich erfolgreich zu betreiben.

In diesem Buch werden jeder Landschaft die ihr typischen monofloralen Honige zugeordnet. Einige Honigsorten kommen in mehreren Honiglandschaften vor. Die sensorische Beschreibung orientiert sich an möglichst reinsortigen Honigen. Dass diese sortenreinen Archetypen meist nicht der Realität entsprechen und die einzelnen Honigsorten in allen nur denkbaren multifloralen Variationen geerntet werden, ist das Spannende am Beruf des Imkers und eine große Herausforderung für die Honigsensoriker.

Stadt < 500m

Au < 500m

Feld < 500m

Hügel < 500m

Moor < 600m

Wiese < 700m

Wald 500–1.500m

Alpen > 1.500m

N
Haslauer Moor
570 m
5
Weinviertel
275 m
Wien-Grinzing
250 m
3
1
ÖSTERREICH
CHSTEIN
2.995 m
Lafnitz
250 m
7
2
Naintschgraben
670 m
4
Naturpark Raab
390 m

Stadt

Wien-Grinzing

„Geht man in die Musik, so kann man sagen, Landschaftshonig ist ein ‚Orchesterhonig' mit unzähligen Pflanzen als Mitwirkende. Die Besetzung ist unterschiedlich in Jahren und Jahreszeiten. Der Geruch ist komplex, der Geschmack vielschichtig. Sortenhonig jedoch ist ein Solistenhonig."

HILDEGARD BURGSTALLER

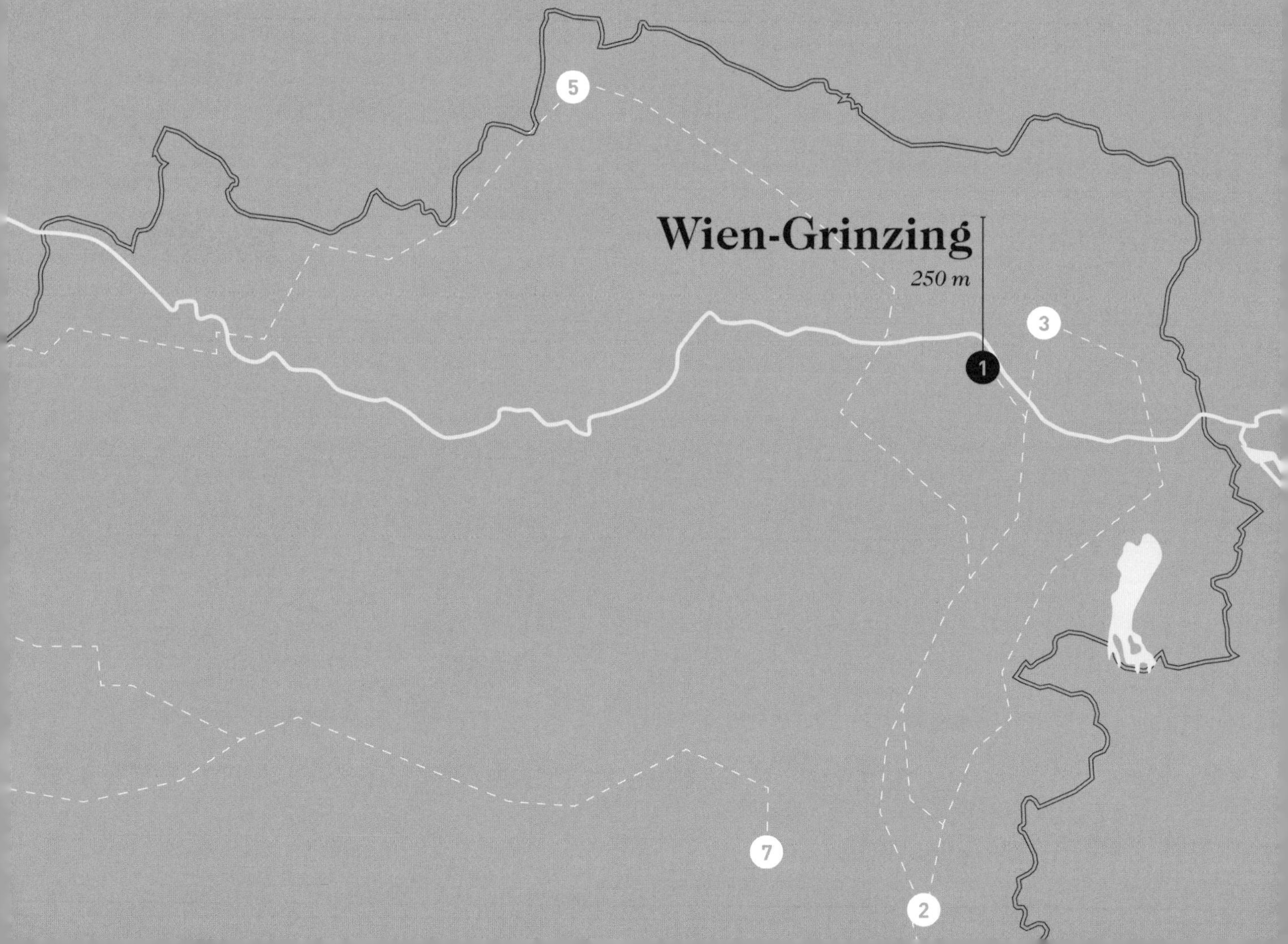

Wien und seine Stadthonige

AM BEISPIEL

WIEN-GRINZING

Den Bienen gefällt es unter dem Himmel von Wien, wo etwa 5000 Bienenvölker leben. Der starke und ungebrochene Trend zur Imkerei in Großstädten scheint paradox: Lärm, Hektik und Autoabgase aus Sicht der Menschen. Die Perspektive der Honigbienen zeigt ein völlig anderes Bild: Alleen und Parkanlagen, bunte, grüne Innenhöfe und Dachgärten, Gstettn und großzügige Gärten um die Villen am Rande der Stadt.

Hildegard Burgstaller

WIEN

Wie Hildegard Burgstaller Geschmacksporträts von Stadtlandschaften in die Honiggläser bringt.

Freitag, 12. Juni, Himmelstraße 42, „Am Himmel". Man betritt den Garten durch ein altes, schmiedeeisernes Tor. Dahinter wartet Hildegard, eine großgewachsene, schlanke Frau um die 50, langes dunkles Haar mit auffallenden Silbersträhnen. Sie ist von ausgeprägter Liebenswürdigkeit und – wie sich im Laufe des Gespräches noch herausstellen wird – sie hat enormes botanisches Wissen. Ein alter, verwucherter Garten mit einem Hauch von Dekadenz: verwitterte Statuen, manche mit fehlenden Gliedmaßen, manche umgestürzt. Inmitten von üppigem Grün führt ein schmaler Kiesweg zur alten Villa. Das Haus gehörte einst Luigi Kasimir, einem im Wiener Fin de Siècle bekannten Grafiker, der in seinen Arbeiten auch etliche Landschaften rund um seine unmittelbare Wohngegend porträtiert hatte. Vorerst und unentgeltlich überlassen seine Erben den Garten Hildegard und ihren Bienen.

Ein leichter Kärntner Akzent verrät Hildegards Herkunft. Ihr Großvater, ein Patriarch alten Schlages, war es, dem sie die Faszination an der Arbeit mit Bienen verdankt. *„Wieso zieht er sich so schön an, wenn er zu den Bienen geht?"*, hat Hildegard sich schon als Kind gefragt, wenn er seine Alltagskleidung gegen ein blütenweißes Hemd tauschte. Der Großvater sprach nicht viel und die Enkelin stand ganz ruhig daneben und beobachtete. *„Mit mir hat er nicht geredet, aber mit den Bienen"*, meint sie schmunzelnd.

Wie über Jäger gibt es auch über Imker zahlreiche Vorurteile: Imker seien wortkarg, misstrauisch, geizig, bei Vereinsausflügen würden lediglich mitgenommene Speisen verzehrt, sie seien neidisch, überaltet, Verteidiger ihres Territoriums und der reinen Bienenrasse. Für einige Vertreter der Zunft mag dies durchaus gelten, mit Sicherheit nicht für Hildegard Burgstaller. Sie stellt so etwas wie die Antithese zu all diesen Klischees dar. *„Bienen halten sich nicht an Grenzen. Sie suchen dort, wo viel und Gutes zu erwarten ist. Das ist verständlich und vernünftig! Man geht dorthin, wo man wachsen kann."*

Gleich hinter der alten Villa fällt der Hang steil nach unten. Vom Bienenstand, dessen Fluglöcher nach Osten, also Richtung Zentrum der Donaumetropole gerichtet sind, starten Bienen in unregelmäßigen Abständen. Unter einer mächtigen Linde steht ein weiterer Bienenstand, die Bienenbeuten sind mit Leinölfirnis imprägniert und bunt bemalt. *„Prinzessinnen brauchen schöne Kleider"*, meint die Imkerin. Und: *„Bienenvölker riechen unterschiedlich und haben ihre Vorlieben für Nektar und Pollen"*, so die feinsinnige Imkerin. *„Es kann vorkommen, dass der Honig vom benachbarten Bienenvolk anders ausschaut und auch anders*

Über Imker gibt es viele Vorurteile. Auf Hildegard Burgstaller trifft kein einziges zu.

„Bienen halten sich nicht an Grenzen. Sie suchen dort, wo viel und Gutes zu erwarten ist.“

schmeckt." Sie ging bei der letzten Ernte sogar so weit, die Honige aus jedem Volk separat zu ernten, und so gab es eine Zeitlang in der Spezerei am Karmelitermarkt, einem stadtbekannten Feinkostladen, Zitroneneis mit Landschaftshonig von der Himmelstraße vom Bienenvolk Nummer 7. Und dann erzählt Hildegard schon von ihrem nächsten Projekt: *„Wiener Gstettn Honig"*, eine englische Übersetzung dafür, nämlich *„urban wilderness"*, hat sie auch. Seit Herbst dieses Jahres ist der Honig im Restaurant Steirereck in Wien erhältlich: *„5 Sterne für die Gstettn."*

Der Hype um Stadtbienen ging 1982 von Paris aus. Der Imker und Bühnenarbeiter Jean Paucton musste auf Drängen seines Hausmeisters das Bienenvolk, das er im Hof seiner Wohnung abgestellt hatte, entfernen. Als Ersatzstandort wählte er ausgerechnet das Dach der Pariser Oper. Die Illustrierte *Paris Match* berichtete und schon waren die Großstadtbienen aus der Anonymität geholt. Dann war New York und irgendwann schwappte der Trend auch nach Wien. Ein ehemaliger Landwirtschaftsminister – nicht gerade der Bienenlobby zuzurechnen – verstand es, sich als Bienenretter zu inszenieren, ebenfalls auf dem Dach der Oper und genauso mediengerecht wie sein Pariser Vor-

bild. Inzwischen hat Wien mit seinen vielen Bienenvölkern die wohl größte Dichte an Bestäubungsinsekten aller Millionenstädte. Sogar die ökologische Tadellosigkeit der städtischen Kläranlage wird mittlerweile mit Honig beworben, der vor Ort geerntet wird.

Hildegard ist Wissenschaftlerin und Imkerin. 1985, mit Ende ihres Studiums, übersiedelte sie ihre ersten beiden Bienenvölker von Kärnten nach Wien. Kern ihrer wissenschaftlichen Arbeiten war immer die Botanik, die Bestäubungstätigkeit der Honigbiene und ihre Auswirkung auf das Ertragsverhalten von Pflanzen. In ihrer noch nicht abgeschlossenen Arbeit über „Honig als Spiegel des Vegetations- und Landschaftswandels" hat sie mit Tiroler Honigen aus den 20er Jahren zu tun. Bei der Probennahme war auch ein Verkosten dieser „Ötzi-Honige" unumgänglich: *„Die Honige waren schwarz und zäh wie Teer, nicht mehr so süß, aber die Pollenkörner vollkommen erhalten"*, resümiert sie wissenschaftliche und kulinarische Aspekte dieser Arbeit.

Was ihren Bienenstandort in Wien, am Fuße des Kahlenberges auszeichnet? *„Die Vielfalt an Blütenpflanzen! Wenn man herumschaut, sieht man Obstgärten, Blumenstreifen in den Weingärten, Wiesen, die*

Bienenkönigin mit Arbeiterinnen

Hildegard vermittelt den Kindern die Welt der Bienen.

„Was gibt es Schöneres, als Kindern den Bienenstand zu zeigen und Wissen weiterzugeben?“

nicht dauernd gemäht werden, dann ist da der nahe Wienerwald, die Akazien und Götterbäume, Rosskastanien und Linden. Alles blüht früher und in ununterbrochener Abfolge. Und es ist wärmer. Im zeitigen Frühjahr finden die Wiener Bienen schon Krokus, Schneeglöckchen und Traubenhyazinthen“, so Hildegard Burgstaller. „*Und Efeu, ein Kraftlackel unter den Pflanzen, bietet ein spätes Fest für die Bienen. Seit dieser Beobachtung sehe ich diese Pflanze mit anderen Augen.*“

Hildegard Burgstaller ist Gründungsmitglied des Vereins Landschaftshonig. Gemeinsam ist dieser Gruppe von Imkern und Imkerinnen, die Schönheit von Landschaften anhand von Honig zu zeigen. Und es ist ihnen wichtig, für ihre Bienen Standorte zu finden, die die Bienen selber auch auswählen würden.

Eine besondere Leidenschaft Hildegards gilt der Vermittlung der Welt der Bienen an Kinder. Für Schulklassen versucht sie sich immer Zeit zu nehmen. Einer ihrer Bienenstände befindet sich auf einem Schulgelände und Bienenkunde ist dort fixer Bestandteil des Lehrplans für Acht- bis Neunjährige. „*Ich kann nicht unterrichten. Wenn die Nachbarsklasse Praxisunterricht am Bienenstand hat, kleben meine Kinder an den Fenstern und sind für mich kaum erreichbar*“, so ein Lehrer dieser Schule. „*Was gibt es Schöneres?*“ – meint dazu die Imkerin.

Was macht die Imkerin mit ihrem Honig?

„Ich bin froh, dass Honig endlich Husten und Weihnachten hinter sich gelassen hat und in der Küche der Spitzengastronomie angekommen ist“, freut sich Hildegard Burgstaller, deren Honige auch bei Stefan Resch, Küchenchef von Park Hyatt Wien, große Wertschätzung genießen. Auf die Frage nach ihrem Lieblingsrezept mit Honig hält die Imkerin kurz inne, um dann zu verraten, dass sie sich lieber im Freien aufhält und in der Erde buddelt, als den Kochlöffel zu schwingen. Aber dann kommt doch noch etwas: *„Zwei oder drei Kugeln Vanilleeis mit einem Kaffeelöfferl Gstettn Honig darüber, das sind tausende Blüten im Mund, ein Geschmackserlebnis, eine Reise in die Landschaft des jeweiligen Honigs!“*

WIENER STADTHONIGE

Wissenswertes

GESCHICHTE DER IMKEREI IN WIEN

1769 gründete Kaiserin Maria Theresia im Augarten die „Schule zur Förderung der Bienenzucht", für die sie den aus Krain stammenden Imkermeister Anton Janscha nach Wien kommen ließ.

1775 erließ sie ein Gesetz zur Förderung der Bienenzucht mit Vorbildwirkung für den gesamten deutschsprachigen Raum.

1873 fand die 5. Weltausstellung im Wiener Prater statt. In der Rotunde wurde das erste Bienenzuchtmuseum Österreichs gebaut. Zu den Exponaten zählte die vom Wiener Major von Hruschka gebaute erste Honigschleuder.

1887 erfolgte die Errichtung eines Musterbienenstandes im Botanischen Garten von Wien.

IMKEREI IN WIEN – ZAHLEN & FAKTEN

Im Stadtgebiet finden sich geschätzte 5000 Bienenvölker, die Zahl der im Verein gemeldeten Imker und Imkerinnen beträgt 660. Insbesondere die Zahl der Hobbyimker ist in den letzten Jahren stark gestiegen und steigt weiter.

BOTANISCHER GARTEN

Eines der vielfältigsten Trachtpflanzenangebote für Honigbienen findet sich im botanischen Garten mit seinen 11.500 Pflanzenarten aus aller Welt. Haupttrachtpflanzen für die Bienen sind trotzdem Linde sowie Rosskastanie und Götterbaum.

VEGETATION IN WIEN

Laut Statistischem Jahrbuch der Stadt Wien besteht die Bundeshauptstadt insgesamt aus 45,1 Prozent Grünfläche. Einige Bezirke wie Döbling bringen es sogar auf 47,9 Prozent. Allein die Zahl der Alleebäume in Wien wird auf 130.000 geschätzt. Im Westen und Süden reicht der Wienerwald weit ins Stadtgebiet. Das Naturschutzgebiet des Lainzer Tiergartens umfasst etwa die gleiche Fläche wie der Anteil Wiens am Nationalpark Donauauen. Und Wiens Pflanzenvielfalt ist groß. Die Stadt beherbergt mehr als 2000 Pflanzenarten. Ungefähr 30 Prozent davon stehen österreichweit auf der Roten Liste, d. h. sie sind in Österreich stark gefährdet bzw. vom Aussterben bedroht. Nahezu alle größeren Grünflächen der Stadt beheimaten Bienen. Die wichtigsten davon sind:

„Wo die Körper der Toten im Erdreich verwesen / gehen Pflanzen aus diesen und sprießen erlesen / und die Blumen am Friedhof sind unsere Speis die mit Fleiß wir uns holen, den Nektar der Leich machen Honig daraus, bleiben ewig gesund so auch ihr, die den feinen Spezialhonig esst und die Leichnam euch so zart schmecken lasst.“

GRINZING

Grinzing war bis 1892 eine eigenständige Gemeinde und ist heute Teil des 19. Wiener Gemeindebezirks Döbling. Er reicht von der Verkehrsader Gürtel bis an die niederösterreichische Grenze. Der Bezirk mit seinem großen Cottageviertel (Villen mit großen Parkanlagen, die nach dem Vorbild englischer Landhäuser errichtet wurden) gilt als eine der nobelsten Wohngegenden der Bundeshauptstadt. Die höchste Erhebung ist der Hermannskogel mit 542 Metern Seehöhe. Die Hänge des angrenzenden Wienerwaldes sind großteils mit Buchen bewaldet. Der bekannte Wein- und Heurigenort liegt im trocken-warmen pannonischen Klimabereich. Zusätzlich sorgt der Donaustrom für Temperaturausgleich. Nektar von Bäumen aus Gärten und Parkanlagen gelten als wichtigste Quelle für die Honige aus Grinzing, insbesondere Rosskastanie, Ahorn, Linde und Götterbaum.

SCHÖNBRUNN

Der etwas mehr als 1 km² große Schlosspark Schönbrunn ist seit 1996 Weltkulturerbe. Neben einem barocken Prunkgarten mit geformten Gehölzen und großen Blumenanlagen finden sich Alleen und große Areale mit verschiedenen Bäumen und Sträuchern. Der südliche Bereich des Parks besteht aus einem mit Wanderwegen durchzogenen Laubwald. Nahrung finden die Bienen überwiegend an Götterbaum, Linde, Rosskastanie, Lederhülsenbaum und Akazie. Für Bienen interessant sind auch die 400 Zitruspflanzen, die seit dem Jahre 1667 in den dortigen Glashäusern kultiviert werden. Seit April 2016 werden die teilweise über 100 Jahre alten Bäume von vier Bienenvölkern bestäubt. Der Schönbrunner Imker Josua Oberlechner ist damit der einzige Imker Österreichs, der Zitrusblütenhonig erntet. Als ressourcenschonendes Transportmittel verwendet er ein Fahrrad samt Anhänger. Josua Oberlechners Bienen erreichen auch das Areal des nahegelegenen Hietzinger Friedhofs und da Wien bekanntlich ein besonderes inniges Verhältnis zum Tod hat, trägt auch der dort gewonnene Honig die originelle Bezeichnung „Leichenhonig“.

LAINZER TIERGARTEN UND SONSTIGE

Der Lainzer Tiergarten war einst kaiserliches Jagdgebiet und ist heute Teil des Biosphärenparkes Wienerwald. Es ist ein Gebiet mit ausgedehnten Wiesen, die nur einmal im Jahr gemäht werden und dadurch eine große Artenvielfalt aufweisen. Es finden sich dort große Bestände an Linden und Rosskastanien. Zu erwähnen sind noch die Grünflächen des Wiener Praters, der Augarten und natürlich der Auwald der Lobau.

GSTETTN

Das Wort Gstettn kennt man nur im Osten Österreichs. Darunter versteht man unverbaute, verwilderte Flächen in Städten. Ein Stelldichein von „Unkräutern", gestrandeten Pflanzen, ausgebüxten Kulturpflanzen und Gartenflüchtlingen in ihrem vorübergehenden Miteinander. Diese an solche Standorte angepasste Spontanvegetation hat für Bienen durchaus Interessantes zu bieten: Augentrost, Ehrenpreis, Grasnelke, Hohlzahn, Hopfenklee, Hundszunge, Johanniskraut, Königskerze, Kreuzkraut, Natternkopf, Wilde Karden, Pastinak, Schafgarbe, Steinklee, Stiefmütterchen, Taubnessel, Wachsblume, Beinwell, Sommerflieder, Vergissmeinnicht und viele andere.

STADTRAND-LANDSCHAFTEN

Wien ist auch Standort von land- und forstwirtschaftlichen Betrieben. Die Feldkulturflächen sind vor allem an den nord- und südöstlichen Stadträndern zu finden. Raps und Sonnenblume können hier durchaus zu Massentrachten führen. Weiters ist der Nektareintrag von Wicke und Ackerbohne häufig. Klatschmohn dient lediglich zur Pollenversorgung der Bienen.

Imkern in der Stadt und Honige aus Städten

Bis vor wenigen Jahren hätte wohl niemand vermutet, welches Potential Städte wie Wien, Berlin oder Paris als Lebensraum für Honigbienen abgeben. Mit ihren Parkanlagen, den Alleen sowie den Kleingärten, Innenhöfen, Blumenkistln, Friedhöfen und Gstettn ist die Stadt ein hervorragender Lebensraum für Bienen. Aufgrund der großen Artenvielfalt finden die Bienen während der ganzen Blühsaison ausreichend Nahrung. Im Einzugsgebiet der Bienen gibt es, der Jahreszeit entsprechend, eine große Zahl an Blühpflanzen, an denen Bienen ihren Nektar sammeln. Von besonderer Bedeutung sind: Akazie, Ahorn, Blumenesche, Edelkastanie, Jungfernrebe, Lederhülsenbaum, Liguster, verschiedene Obstbäume sowie Schnur- und Tulpenbaum. Stadthonige sind stets multifloral. Honigpollenanalysen von verschiedenen Bienenstandorten einer Stadt zeigen große Unterschiede in der Zusammensetzung. Urbane Honige unterscheiden sich in geschmacklicher Hinsicht deutlich von solchen, die nicht in Städten gewonnen werden.

AESCULUS HIPPOCASTANUM

ROSSKASTANIE

lat. *Aesculus hippocastanum*

Die Rosskastanie, lat. *Aesculus hippocastanum,* gehört zur Familie der Seifenbaumgewächse, *Sapindaceae*. Die Namensgleichheit mit der Edelkastanie beruht auf einer Ähnlichkeit der Samen der Rosskastanie mit den Früchten der Edelkastanie, gehören doch beide Pflanzen gänzlich verschiedenen Familien an. Das natürliche Verbreitungsgebiet der Rosskastanie erstreckt sich in einem weiten Bogen von Mittelasien bis in den Balkan. Samenfunde in der Braunkohle beweisen, dass die Gattung *Aesculus* schon in einer früheren Erdperiode in Mitteleuropa heimisch war. Die heutigen Bestände der Gewöhnlichen Rosskastanie stammen von Samen, die im Jahre 1576 von Konstantinopel nach Wien gebracht und vom Botaniker Carolus Clusius erstmals ausführlich beschrieben wurden. Die exotische Blüte des Baumes traf den Geschmack der Zeit und fand rasche Verbreitung in fürstlichen Gärten. Seit dem 18. Jahrhundert wird die Rosskastanie schließlich verbreitet als Alleebaum gepflanzt und prägt seither viele Stadtlandschaften, wie etwa den Wiener Prater. Leicht zu unterscheiden von der weißblühenden Rosskastanie *Aesculus hippocastanum* ist die schwächer wüchsige und rotblühende Art *Aesculus pavia,* die aus Nordamerika stammt. Die Blütezeit des bis zu 30 Meter hohen Baumes, der bis zu 200 Jahre alt werden kann, beginnt Ende April und dauert etwa zwei Wochen. Er blüht erstmals nach etwa zehn Jahren. Die auffälligen Blütenstände (auch Kerzen genannt), in denen männliche, weibliche und zwittrige Blüten gemeinsam vorkommen, sondern große Mengen hochkonzentrierten Nektars ab und werden überwiegend von Bienen und Hummeln besucht. Der Honigwert größerer Rosskastanienbestände ist beträchtlich und wird auf 400 Kilogramm pro Hektar geschätzt. Die Pollen werden von den Bienen in großen violetten Höschen eingetragen, die ein Gewicht von elf Milligramm erreichen können. Die Pollenernte beginnt frühmorgens und endet in den Nachmittagsstunden. Mit einem Stickstoffanteil von 5,75 Prozent zählen die Rosskastanienpollen zu den stickstoffreichsten Pollenarten. Die Ernte von Nektar und Pollen erfolgt getrennt, d. h. die Bienen fliegen entweder auf Nektar oder Pollen. Eine weitere Bedeutung für die Bienen haben die riesigen, mit einer dicken Harzschicht überzogenen Knospen der Rosskastanien. An ihnen sammeln die Bienen die Rohstoffe für Propolis, das als Kittharz und Desinfektionsmittel im Bienenstock Verwendung findet. Der stärkste Eintrag von Propolis erfolgt im Spätsommer und im Herbst von den Winterknospen. In der Humanmedizin finden die Samen der Rosskastanie – dank des Wirkstoffes Aescin – Verwendung als Naturheilmittel bei Venenerkrankungen wie Krampfadern sowie bei Hämorrhoiden und Arteriosklerose.

Die Rosskastanie ist an vielen Frühlingshonigen beteiligt. Reinsortige Honige sind jedoch selten und kommen nur in Stadtgebieten vor.

Viele Rosskastanienbestände sind von der Miniermotte bedroht. Dieser Schädling, der seit 1989 auch in Österreich anzutreffen ist, führt durch Fraßschäden an den Blättern

Rosskastanienhonig

Die Rosskastanie ist an vielen Frühlingshonigen beteiligt. Reinsortige Honige sind jedoch selten und kommen nur in Stadtgebieten vor. Hoher Pollenanteil von Rosskastanie spricht meistens für eine Herkunft des Honigs aus der Nähe von städtischen Parkanlagen. Der Honig hat einen hellen, rötlich-braunen Farbton und bleibt sehr lange in flüssigem Zustand. Er ist am Gaumen zart-bitter mit raschem Abgang.

zu einer Braunfärbung und in der Folge zu einem vorzeitigen Verwelken bereits im Sommer. Dadurch wird die Photosyntheseleistung der Blätter geschwächt und die Früchte von stark befallenen Bäumen bleiben deutlich kleiner. Allerdings konnte noch kein völliges Absterben der Bäume beobachtet werden. Teilweise treiben befallene Bäume im Spätsommer nochmals aus und bilden auch vereinzelt Blüten.

Der Name „Rosskastanie" ist seit dem 16. Jahrhundert bezeugt und bezieht sich auf die Samen, die vom türkischen Heer als Heilmittel für Pferdekrankheiten verwendet wurden.

LINDE

lat. *Tilia*

Die Linde, lat. *Tilia,* zählt zur Familie der Lindengewächse, *Tiliaceae.* Heimisch sind in unseren Breiten zwei Arten: Die Winterlinde, lat. *Tilia cordata,* ist kleinwüchsiger und erreicht ein Alter von etwa 150 Jahren. Sie findet sich vor allem in Tallagen. Die Sommerlinde, lat. *Tilia platyphyllos,* ist anspruchsvoller in Bezug auf Klima und Boden. Sie benötigt tiefgründige und nährstoffreiche Böden sowie ein mäßig warmes und feuchtes Klima. Die Sommerlinde wird bis zu 40 Meter hoch und kann ein Alter von mehreren hundert Jahren erreichen. Ihre Hauptverbreitungsgebiete sind das südliche Europa sowie Mittelgebirgslagen bis in etwa 1200 Meter Seehöhe. Sie blüht zwei Wochen vor der Winterlinde, je nach Höhenlage also Mitte bis Ende Juni und spendet größere Mengen Nektar für die Bienen. Häufig anzutreffen ist auch die „Holländische Linde", lat. *Tilia* x *vulgaris,* ein Bastard zwischen Sommer- und Winterlinde. Linden haben herzförmige Blätter sowie tiefe Pfahl- und Seitenwurzeln. Die Blüten bilden hängende Dolden, an denen ein längliches Flügelblatt angewachsen ist, das dem reifen Fruchtstand als Flugorgan zur weiteren Verbreitung dient. Blühende Linden ziehen aufgrund ihres intensiven Duftes und der ergiebigen Nektarmenge Bienen in großer Zahl an.

Die Nektarabsonderung der Blüten erfolgt hauptsächlich morgens und in den Abendstunden. Die gesamte Zuckerproduktion einer einzigen ausgewachsenen Linde kann beträchtlich sein. Die Nektarsekretion steht in Zusammenhang mit der Umgebungstemperatur. Sinkt diese ab, so verringert sich auch der Zuckergehalt des Nektars. Starke Honigtauausscheidung von Lindenalleen in Stadtlage bemerkt man an der Ablagerung einer farblosen, klebrigen Substanz auf darunter parkenden Autos. Bienen sammeln an der Linde auch hellgelbe Blütenpollen. Im Honig ist jedoch wenig Pollen zu finden.

Natürlich kommen Linden verbreitet in Laubwäldern, oft gemeinsam mit Hainbuchen und seltener mit Edelkastanien vor. Reine Lindenwälder findet man etwa im Donaudelta in Rumänien. Hier ist die Linde auch die Haupttrachtpflanze der Imkerei und bei Imkern sehr beliebt. Häufig findet man hier Wanderimker in Wohnwägen und Zelten, die zur Blütezeit der Linde ihren Urlaub gemeinsam mit den Bienen am Rande von Lindenwäldern verbringen. Größere Bestände an Lindenpflanzungen gibt es vor allem in Alleen und Parks von Städten wie etwa Paris, Wien oder Berlin.

Getrocknete Lindenblüten werden in der Volksmedizin als Heiltee verwendet. Er wirkt beruhigend bei Hustenreiz. Das helle und leicht bearbeitbare Lindenholz findet vielseitige Verwendung in der Holzindustrie und ist bei Bildhauern besonders begehrt.

Die Linde galt bei den Slawen und Germanen als heiliger Baum, der besonders verehrt wurde. Linden werden auch häufig als „Dorfbäume" im Zentrum von Dörfern sowie neben Kreuzen und Bildstöcken gepflanzt.

T I L I A

Lindenhonig

Anteile an Linde sind in fast allen Sommerhonigen zu finden, aber es gibt auch reinsortige Honige, meist aus Parkanlagen von Städten. Der Rohstoff des Lindenhonigs kann beides sein, sowohl Blütennektar als auch Honigtau von pflanzensaugenden Insekten. Lindenhonig ist in flüssigem Zustand hellgelb und klar. Er zeigt sich nach erfolgter Kristallisation beige-bernsteinfarben mit goldgelbem Schimmer. Ist Honigtau beteiligt, so ist der Farbton dunkler. Die Naturkristalle sind groß, hart und scharfkantig. Am einfachsten erkennbar ist Lindenhonig am einzigartigen Geruch: angenehm und intensiv, anhaltend nach Pfefferminze, Menthol und Salbei. Lang anhaltend ist auch der Geschmack am Gaumen und von mittlerer Süße Noten von Menthol, Lindenblütentee und Walnüssen. Am Ende folgt ein zartbitterer sehr langer Abgang. Häufig ist Edelkastanie in Lindenhonig enthalten, da die natürlichen Verbreitungsgebiete und Blühzeiten der beiden Pflanzen ähnlich sind. Lindenhonige sind pollenarm, da die Blütenstände der Linde hängend sind und der Pollen nicht so leicht in den Nektar eingestäubt werden kann.

GÖTTERBAUM

lat. *Ailanthus altissima*

Der Götterbaum, lat. *Ailanthus altissima,* zählt botanisch zur Familie der Bitterholzgewächse, *Simaroubaceae.* Die Gattung *Ailanthus* war vor den Eiszeiten bereits in Europa vertreten und ist mit dem Götterbaum – auf abenteuerliche Weise – zurückgekehrt. Der französische Jesuitenpater Pierre Nicolas d'Incarneville, der zwischen 1740 und 1756 in Peking lebte, ließ die Samen des exotischen Baumes auf der Karawanenroute über St. Petersburg nach Europa schmuggeln. In London glaubte man, sich den Lackbaum, lat. *Rhus verniciflua,* verschafft zu haben, aber der Götterbaum taugte nicht zur Gewinnung des begehrten Lacks, mit dem die Chinesen ihre Möbel zum Glänzen brachten. Später entdeckte man, dass *Ailanthus* als Futter für Seidenraupen verwendet werden konnte. Im Jahre 1856 importierten Textilunternehmer in Wien zur Produktion der begehrten Seide den Seidenspinner aus Asien und legten zur Futterversorgung der Raupen zwischen Kärntnertor und Wienbrücke Plantagen mit Götterbaum an. Der Götterbaum verbreitete sich daraufhin im gesamten Stadtbereich. Da die erzeugte Seide minderwertig und grob war, wurde die Produktion bald darauf eingestellt. Nach dem zweiten Weltkrieg begann sich der Götterbaum als invasiver Neophyt auf den Trümmerhaufen der Städte stark auszubreiten und entwickelte sich zum typischen Stadtbaum. Mittlerweile ist der wärmeliebende Baum, der sich auch entlang von Bahngleisen und Autobahnen stark vermehrt, vielerorts anzutreffen. Der Götterbaum gilt als Pionierbaum, seine Verbreitung erfolgt durch Samen und Wurzelausläufer. Die Wurzeln scheiden Pflanzengifte aus, die die Keimung anderer Pflanzensamen hemmen. Die Pollen des Götterbaumes stehen im Verdacht, Allergien auszulösen. Er wurde gelegentlich als Forstbaum und häufig auch in Windschutzstreifen gepflanzt. Zurzeit laufen weitere Versuche zur forstwirtschaftlichen Nutzung des Holzes vom Götterbaum, da er auf Grund seines geringen Wasserbedarfes und seiner hohen Anpassungsfähigkeit für trockene Waldstandorte sehr gut geeignet ist. In der Traditionellen Chinesischen Medizin ist der Götterbaum eine bedeutende Heilpflanze. Er ist einer der wenigen Bäume, dem auch ein literarisches Denkmal gesetzt wurde. Betty Smith hat dem Götterbaum – als Symbol des Überlebens in einer feindlichen Umgebung – mit ihrem Buch „A Tree grows in Brooklyn" ein ganzes Buch gewidmet.

Götterbaumhonig

In China, der Heimat des Götterbaumes, gilt der aromatische Götterbaumhonig als Spezialität. Bei uns ist er – meist gemeinsam mit Akazie, Linde und Rosskastanie – Bestandteil vieler Stadthonige. Reinsortig ist er nicht anzutreffen. Im flüssigen Zustand bernsteinfarben mit leichtem Grünschimmer, kandiert er nach einigen Monaten mit feinen Kristallen aus und erhält im kristallisierten Zustand einen helleren Grauton. Der Geruch nach Früchten und frischen Pilzen ist von mittlerer Intensität. Der Geschmack erinnert an Muskattraube und Holunderblüte.

Au

Lafnitz

Eindrucksvolle Mäanderbögen zeugen von der landschaftsprägenden Dynamik des Flusses: steile Uferböschungen auf der einen Seite des Fließgewässers, breite Sandbänke auf der anderen. Äste, Baumstümpfe und in den Fluss gestürzte Bäume begleiten den ungezähmten Lauf der Lafnitz.

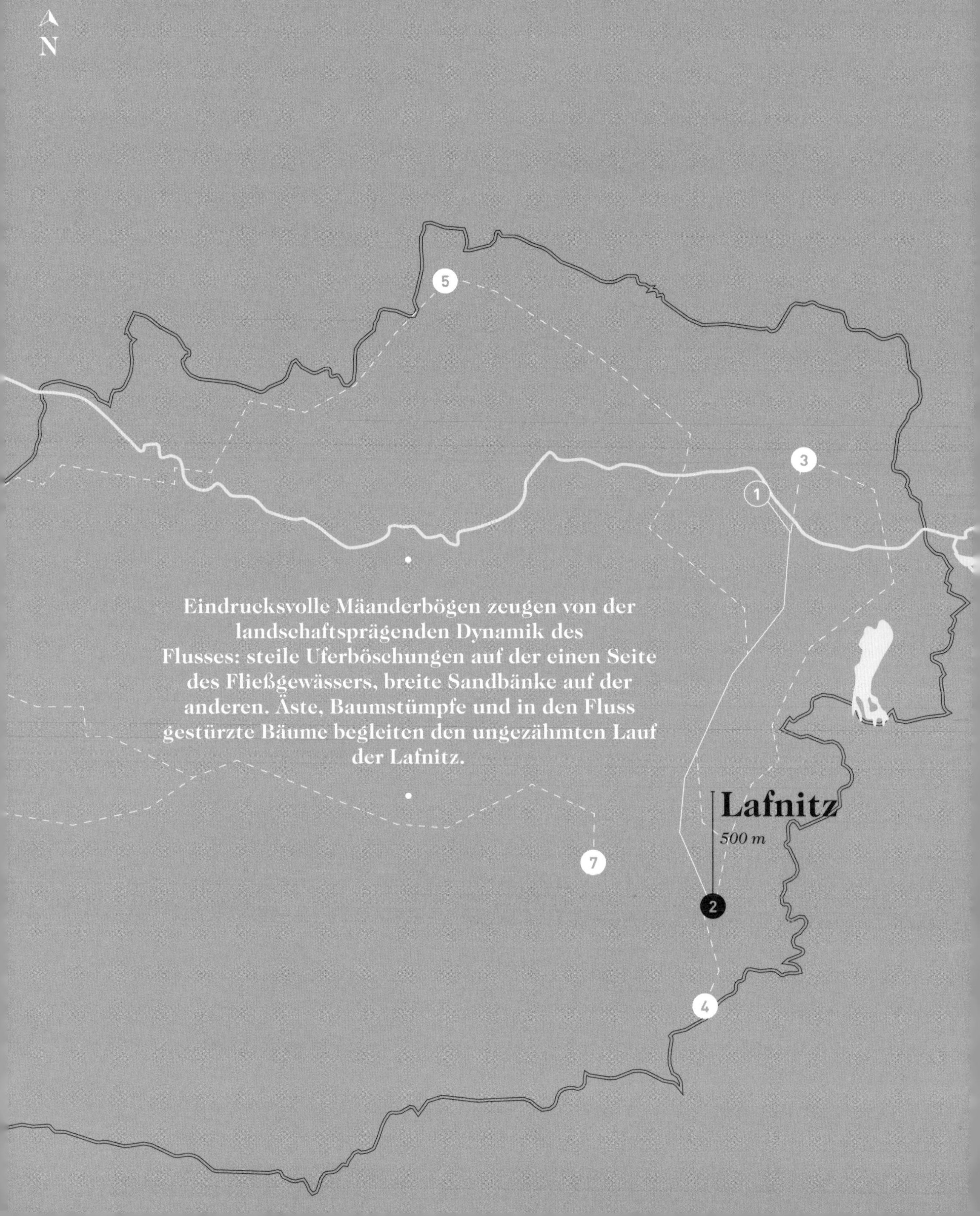

Aulandschaften der Flusstäler

AM BEISPIEL

LAFNITZ

Auen sind paradiesische Lebensräume für Insekten. Schwärme von Schmetterlingen, Gelsen, Bremsen und Bienen bevölkern die letzten Rückzugsgebiete für feuchtigkeitsliebende Pflanzen.

Thomas Murlasits

SÜDBURGENLAND

Wie sich Thomas Murlasits mithilfe seiner Bienen zwischen Streuobstwiesen und Aulandschaften eine bäuerliche Existenz aufbaut.

Burgau, Oststeiermark, 20 Uhr abends. Wir haben Anfang Juni, ein heißer Tag geht nahtlos über in eine laue Dämmerung. Windstille. Am Waldrand stehen Bienenstöcke, aufgereiht in Gruppen zu je vier Völkern. Wie schwarze Bärte sitzen Bienen in kleinen Schwärmen um die Fluglöcher. Es scheint, als würden sie den lauen Abend genießen und ausruhen von einem langen Tag mit reger Sammeltätigkeit. Auf dem Feldweg nähert sich ein weißer VW-Bus.

Thomas Murlasits, Imker und Besitzer der Völker, und sein Freund Rupert haben sich verabredet, um Bienen zu transportieren, um „mit ihnen zu wandern". Die Ernte des Auwaldhonigs ist beendet, nun geht die Reise ins Gebirge. Die Waldtracht steht unmittelbar bevor und das Jahr könnte gut werden. Und es könnte spät werden heute Abend. Der Tag war nahezu wolkenlos, einige Bienen machen noch Ausflüge in die anbrechende Dämmerung. Mit etwas Rauch von Baumschwämmen versucht Thomas die letzten Bienen zur Rückkehr in den Stock zu bewegen und schließt die Fluglöcher. Rupert schlingt Gurten um die Holzkisten. Mit einer Wanderzange heben die beiden dann ein Bienenvolk nach dem anderen in den Transporter. Während der einstündigen Reise ins nordoststeirische Wechsel-Massiv erfüllt ein anregend süß-säuerlicher Duft den Laderaum: die Ausdünstung Millionen aufgeregter Bienen, ein Gemisch von warmer Brut und Propolis. Das aufgeregte Summen, das während der Fahrt vom Motorgeräusch überlagert wird, wird nach Abstellen des Motors deutlich vernehmbar. Am Zielort herrscht bereits völlige Dunkelheit. Die Entladung ist mühsam, um den tags zuvor errichteten Bienenstand zu erreichen, muss ein kleines Gestrüpp durchquert werden. *„Jetzt nur nicht stolpern"*, keucht Thomas und erzählt von einem missglückten Bienentransport. *„Ein Gurt hat sich gelöst und der Boden der Bienenbeute mit hunderten Bienen ist auf meine Füße gefallen. Die Bienen sind im Inneren meiner Hose hinaufgekrabbelt. Zu Hause habe ich 30 Bienenstiche gezählt."* Im matten Licht des Autoscheinwerfers gelingt die Entladung der schweren Bienenstöcke mehr schlecht als recht. Bevor er die Fluglöcher öffnet, macht Thomas Rauch und schützt sich mit Bienennetz und Handschuhen. Wächterbienen stürzen sofort aus der Öffnung und fliegen auf den Lichtkegel der Taschenlampe zu. Andere Bienen sind nur irritiert und laufen am Bienenstock hinauf. Nach wenigen Minuten kehrt Ruhe ein. Die kühle, würzige Nachtluft des Bergwalds beruhigt die Bienen. Morgen Früh werden sie erste Erkundungsflüge anstellen und dann sehr bald die Sammeltätigkeit von Honignektar aufnehmen. Es wird für sie sein, als wären sie immer

ienenrette

WORKZONE

schon hier gewesen. Für die beiden „Bienenwanderer" geht ein langer Arbeitstag zu Ende.

Thomas wohnt im Schloss. Aber nicht weil blaues Blut in seinen Adern fließt, wie er zu Beginn des Gespräches augenzwinkernd behauptet. Der Grund für seinen neuen Wohnort im ehemaligen Wirtschaftstrakt des Schlosses Burgau ist, dass ihm die Übergabe der Landwirtschaft der Großeltern verweigert wird. Dabei war es sein sehnlichster Wunsch, Bauer zu sein. Der Kindheitstraum des gebürtigen Südburgenländers ist stets präsent geblieben. Es ist der gleiche Traum, den bereits Generationen vor ihm geträumt hatten: eigener Grund und Boden, Kühe, Schafe, Schweine, Bienen, kurz Bauer sein. Sein Großvater, ein anerkannter Rinderzüchter im Südburgenland, verweigerte ihm die Übergabe des Bauernhofes mit der Begründung, die Landwirtschaft habe keine Zukunft, sein Enkel solle etwas Ordentliches arbeiten. Nach Kindheit und Kochlehre in Wien kehrte Thomas – gegen den Willen seiner Familie – der Stadt den Rücken und ging zurück ins Südburgenland, wo er viele Wochenenden und sämtliche Ferien verbracht hatte. *„Ich habe immer gesagt, mit 30 bin ich zurück."* Der gelernte Koch absolvierte unzählige Ausbildungen und sammelte Berufserfahrungen in verschiedenen Bereichen der Landwirtschaft: Schnapsbrennen, Obstbaumpflege, Gemüse-, Schafe- und Schweinezüchten. *„In Sachen erster Bienenstich war ich ein Spätberufener"*, erinnert er sich. Es war kurz nach seinem dreißigsten Geburtstag. Auf einer Wiese sitzend, dem Treiben der Bienen im nahen Akazienwald zusehend, war da auf einmal dieser brennende Stich. Bei dieser Erinnerung kann er sich das Lachen nicht verkneifen: *„Das war wohl so etwas wie die Initialzündung!"* Seit nunmehr vier Jahren ist es die Imkerei, mit der er ohne große Investitionen den nächsten Grundstein zu seiner Bauernkarriere legte. Und steter Tropfen höhlt den Stein: Wie es aussieht, lässt sich der Großvater langsam, aber sicher überzeugen, wie ernst es Thomas mit seinen Absichten meint. Und da bekanntlich der Apfel nicht weit vom Stamme fällt, verbringt seine Tochter Katharina jede freie Minute an seiner Seite.

Ist der Wanderplatz gefunden, darf man dann die Bienen einfach so hinstellen? Ganz so einfach ist es nicht. Es gibt dabei allerlei zu beachten: Einvernehmen mit dem Grundbesitzer und dessen Entlohnung, landesgesetzliche Bürokratie, territoriale Ansprüche heimischer Imker und vieles mehr. Bei institutionellen Verpächtern wie den Bundesforsten gibt es Verträge mit Entgeltvereinbarung. Dann wären da noch Haftpflichtversicherung, mögliche Einwände von Anrainern, Joggern usw. Thomas kann davon so manche Anekdote erzählen. Eine Bienenwanderung erfordert präzise Planung und exakte Organisation.

Thomas, dieser großgewachsene, vollbarttragende Unterhaltungskünstler, versteht es wie kein anderer, das Kind in sich zu bewahren. Und dennoch scheint es, als habe er bereits mehrere Leben hinter sich. Besonders prägend für ihn war ein einjähriger Klosteraufenthalt im obersteirischen Seckau. Insbesondere die Begegnung mit dem Kloster-Imker Pater Modestus, der, wenn er krank war, nicht das Bett aufsuchte, sondern bei jeder Witterung ins Freie ging. Er war es auch, der Thomas die Analogie zwischen der Heiligen Dreifaltigkeit und dem Dreigespann Königin, Drohne und Arbeiterbiene erklärte. Vieles von der Ruhe und Beschaulichkeit des klösterlichen Lebens findet Thomas nun in seiner Arbeit mit den Bienen wieder. Denn was geschieht mit einem, wenn man einen Bienenstock öffnet und die Bienen beobachtet? Man verlässt – wenn auch nur für kurze Zeit – diese irdische Welt, der jedes Maß und jede Ordnung abhandengekommen zu sein scheint, in der jeder jedem alles neidisch ist, in der Angst, Krieg, Chaos, Panik und Unordnung Alltag sind, und tritt ein in eine Welt der absoluten sozialen Ordnung, des Friedens, eine Welt der Formen, Farben und Gerüche. Man erhält eine Ahnung von einem anderen sozialen Leben. Ein utopischer Staat, eine Welt, in der das Egoistische zurücktritt zu Gunsten des Gemeinwohls. Der eigentliche Reiz an der Bienenhaltung ist dieses ständige, leicht-

Tochter Katharina verbringt jede freie Minute bei den Bienen.

Wildbau von Bienenwaben

Der eigentliche Reiz an der Bienenhaltung ist dieses ständige, leichtfüßige Wandern zwischen zwei Welten – der irdischen und der der Bienen.

füßige Wandern zwischen diesen Welten. Oder wie Thomas seine metaphysischen Erlebnisse mit Bienen erklärt: *„Wenn ich Zeit habe, gehe ich raus zu meinen Bienen, ich könnte ihnen stundenlang zuhören. Ich spreche auch mit ihnen. Wenn wer zuhört, dann denkt er, ich bin besoffen oder verrückt."*

Der Bienenstand, an dem unsere „Wanderung" ihren Ausgang nahm, steht auf einer kleinen Anhöhe am Rande des Auwaldes. Wegen der Gefahr von Hochwasser hat Thomas diesen erhöhten Ort gewählt. Die Lafnitz, ein zu dieser Jahreszeit beschaulicher Fluss mit mäßiger Strömung, hatte in der Vergangenheit immer wieder Bienenstöcke von Imkerkollegen, die zu nah am Ufer standen, auf ihrem Weg ins Schwarze Meer mitgenommen. Das Grundstück gehört einem Verein, dessen langjährige Bemühungen, Felder und Wiesen von Landwirten zu kaufen und naturnah zurückzubauen, nun erste Früchte zeigen. Meist sind es Böden, die durch jahrelangen Anbau von Mais schwer in Mitleidenschaft gezogen wurden und die nun wieder in zusammenhängende Korridore des wilden Lebens verwandelt werden. Die kleine Wiese am Rande des Auwaldes mit etlichen Streuobstbäumen war bereits stark zugewachsen und wurde in schweißtreibender Arbeit von freiwilligen Mitarbeitern des Vereins wieder freigelegt. Um die Samenbildung von selten gewordenen Blumen zu ermöglichen, wird die Wiese nur einmal pro Jahr gemäht, Dornenhecken werden zurückgedrängt, Fichten am Waldrand, die in dieser Klimazone nicht heimisch sind, werden gerodet, soweit sie nicht ohnehin schon Opfer des Borkenkäfers geworden sind. Als Pacht für das Grundstück erhält der Verein einige Gläser Honig von Thomas.

Die nahe Lafnitz zählt zu den wenigen zumindest über weite Strecken noch naturbelassenen Flüssen Österreichs. Die landschaftsprägende Dynamik des Flusses zeigt sich eindrucksvoll an breit ausladenden Mäanderbögen mit ihren steilen Uferböschungen auf der einen und hohen Sandbänken auf der gegenüberliegenden Seite der unzähligen Flussschleifen. Viele Bereiche des Fließgewässers werden von einer naturnah erhaltenen Vegetation begleitet: weit ins Wasser hängende Äste, Baumstümpfe, in den Fluss gestürzte Bäume. Zahlreiche Tümpel und Altarme bieten Lebensraum für viele Pflanzen- und Tierarten, die nur hier überleben können. Die Auwiesen an ihren Ufern, die mosaikartig durch Felder und Auwälder unterbrochen werden, dienen bei Hochwasser als Überflutungsgebiete und stellen die Reste einer alten Kulturlandschaft dar. An manchen Stellen verleihen sie der Landschaft einen parkähnlichen Charakter. Zur landschaftlichen Vielfalt tragen auch freistehende Bäume bei, die ursprünglich zur Grundstücksabgrenzung gepflanzt wurden.

Einen weiteren Bienenstand hat Thomas inmitten seiner Streuobstwiese im südburgenländischen St. Michael. *„Apfel und Kirsche honigen hier besonders gut"*, freut sich der Imker. Die Früchte verarbeitet er zu Sirup und Bränden. Eigenen Uhudler produziert er hier und Liköre. Er weist auf einen mächtigen Apfelbaum *„Das hier ist ein London Pepping, ein Apfel-Zufallssämling, dessen Entstehung mit dem Jahre 1580 datiert ist, daneben eines der letzten Exemplare von Müschens Rosenapfel."* Die Honige aus der Obstblüte seiner Streuobstwiese erntet er gemeinsam mit den Nektareinträgen von Löwenzahn. Danach bringt der Wanderimker auch die Bienen dieses Standes, gemeinsam mit denen vom Auwald, in höhergelegene Waldgebiete.

„Wenn ich Zeit habe, gehe ich raus zu meinen Bienen, ich könnte ihnen stundenlang zuhören."

KÖ!!
NICHT VIEL STÖRE
NEUEKÖNIG

18
33

Was macht der Imker mit seinem Honig?

„Ein Frühstück mit Energie für den ganzen Tag. Der Aulandschaftshonig ist die Komponente, die das Ganze erst richtig gut macht.“

THOMAS MURLASITS

Habermus mit Aulandschaftshonig nach Hildegard von Bingen

ZUTATEN

1 Tasse Dinkelschrot
1 Apfel, frisch gerieben
1 Msp. Galgant
1 Msp. Bertram
Zimt
Rosinen
Dörrobst (Äpfel, Zwetschken etc.)
2 Teelöffel Aulandschaftshonig

ZUBEREITUNG

2 Tassen Wasser in einen Topf geben, Dinkelschrot einrühren und aufkochen lassen. Geriebenen Apfel, Gewürze und Dörrobst zugeben. Mit Honig abschmecken.

AULANDSCHAFTEN

Wissenswertes

AUWALD

Der Begriff Auwald bezeichnet eine natürliche Pflanzengesellschaft entlang von Flüssen und Bächen, die stark von Überschwemmungen und dem wechselnden Grundwasserspiegel geprägt ist. Auwälder zählen zu den artenreichsten Lebensräumen Mitteleuropas. Durch die Ausweitung der Siedlungsgebiete und die Regulierung der Flüsse sind naturnahe Auwälder jedoch nahezu verschwunden. Viele Auwaldflächen wurden in den letzten Jahrzehnten abgeholzt und in Ackerland umgewandelt. In Mitteleuropa gibt es nach Schätzungen noch etwa 300 km² Auwald, davon 60 km² naturnah.

AUWÄLDER IN ÖSTERREICH

Der größte zusammenhängende Auwald Österreichs liegt entlang der Donau, zwischen den europäischen Hauptstädten Wien und Bratislava, und bewahrt auf mehr als 9300 Hektar Fläche die letzte große Flussauen-Landschaft Mitteleuropas. Die hier noch frei fließende Donau ist auf ihren etwa 36 Kilometern Fließstrecke die Lebensader des Nationalparks Donau-Auen. Ihr dynamisches Wechselspiel mit Wasserstandsschwankungen von bis zu sieben Metern gestaltet die Flussauen-Landschaft immer wieder neu und schafft Lebensraum für eine Vielzahl von Tieren und Pflanzen. Weitere nennenswerte Auwälder in Österreich gibt es an den Flüssen March, Inn, Mur und Drau.

DAS LAFNITZTAL – VEGETATION

Die Wiesen des Lafnitztales sind Reste einer ehemals extensiven Bewirtschaftung meist in Form von Weidehaltung. Sie weisen einen enormen Artenreichtum auf. Eine Nutzung der Wiesen, die bei Hochwasserereignissen überschwemmt werden, erfolgt heute allerdings kaum. Auf den trockenen, flussnahen Flächen des Lafnitztales befinden sich aber auch Ackerflächen, v. a. mit Maisanbau. Die Kraft des Wassers schafft Inseln, Sandbänke, Uferanbrüche, Totholzbereiche und Altwässer. Hochwässer können den Talraum überfluten, der neben Feuchtwiesen und Erlen-Eschen-Auwäldern auch magere Mähwiesen gedeihen lässt.

Auwälder zählen zu den artenreichsten Lebensräumen Mitteleuropas. Durch die Ausweitung der Siedlungsgebiete und die Regulierung der Flüsse sind naturnahe Auwälder jedoch nahezu verschwunden.

DAS LAFNITZTAL – GEOGRAFIE

Im Oberlauf bildet die Lafnitz zunächst einen Wildbach mit geradem Verlauf durch das tiefeingeschnittene Tal. Nach dem Austritt aus dem kristallinen Grundgebirge strömt die Lafnitz in südöstlicher Richtung und mündet in der Nähe von Szentgotthárd in die Raab, die, aus dem oststeirischen Hügelland kommend, die Ungarische Tiefebene durchquert und der Donau zufließt. Die gesamte Flusslänge beträgt 110 Kilometer und überwindet von der Quelle bis zur Mündung ein Gefälle von 685 Metern. Typisch für die Oststeiermark ist, dass die meisten Zuflüsse rechtsseitig in die Lafnitz münden, was eine Asymmetrie des Talnetzes entstehen lässt. Dem Fluss kommt durch passiven Hochwasserschutz in Form von Überflutungsbereichen große Bedeutung zu. Die Mäanderstrecken der Lafnitz im burgenländisch-steirischen Grenzabschnitt stellen das letzte unregulierte Flachlandgewässer Österreichs dar. Die Lafnitz erfindet sich ihr Flussbett ständig neu. Österreich hat das Lafnitztal im Jahre 2002 als Ramsar-Naturschutzgebiet ausgewiesen, um die Fluss- und Kulturlandschaft und die darin lebenden seltenen und gefährdeten Arten zu erhalten.

DAS LAFNITZTAL – KLIMA

Durch seine Lage im südöstlichsten Teil Österreichs gilt das Lafnitztal aufgrund relativ geringer Niederschläge und der hohen Jahresdurchschnittstemperatur als klimabegünstigt. Das Lafnitztal liegt an einer Schnittstelle von drei Klimazonen: Hier treffen alpines, illyrisches und pannonisches Klima aufeinander und prägen mit einströmenden Luftmassen vom Atlantik, von der Adria oder aus Osteuropa das Wettergeschehen. Allerdings ist, bedingt durch die Lage am Alpenostrand, der alpine Klimaeinfluss mit den atlantischen Strömungen durch die Barriere der Alpen stark abgeschwächt. Das illyrische Klima bringt vor allem in den Sommermonaten häufig Niederschläge in Form von Gewittern mit Hagel. Das gesamte Einzugsgebiet der Lafnitz ist geprägt von Starkregenereignissen, die in der Vergangenheit immer wieder Überschwemmungen verursacht haben. Das Gebiet am südlichen Verlauf der Lafnitz weist die höchste Zahl an Sonnenscheinstunden in Österreich auf. Im Winter ist das Lafnitztal durch häufige Nebelbildung und Inversionswetterlage mit niedrigen Temperaturen gekennzeichnet. Die Jahresniederschlagsmenge beträgt etwa 800 Millimeter pro Jahr. Die meisten Niederschläge fallen im Sommer von Juni bis August. Die Jahresdurchschnittstemperatur liegt zwischen acht und zehn Grad Celsius.

DAS LAFNITZTAL – GEOLOGIE

Geologisch liegt das Lafnitztal in der Übergangszone der Ostalpen zur Ungarischen Tiefebene. Das Quellgebiet und der Oberlauf der Lafnitz liegen im kristallinen Gebiet des Wechsel-Massivs, das von Gneis und Schiefer dominiert wird. Ab der Ortschaft Rohrbach tritt die Lafnitz in ein breites Sohlental mit Ablagerungen von Gebirgsabtragungen aus dem Tertiär. Ab hier modelliert sich der Mittellauf der Lafnitz als Tieflandfluss in den weichen Unterboden und bildet durch häufige Änderung des Flusslaufes zahlreiche Mäander, die oft weit ausschwenken und den Lauf stark verlängern. Durch die Verringerung der Fließgeschwindigkeit werden mitgeführte Feststoffe abgelagert, die zu einer Hebung des Flussbettes und zur Bildung von Uferdämmen führt. Die Folge ist die Versumpfung des Bodens in Flussnähe, da Nebenbäche und Oberflächenwasser nicht mehr in den Fluss gelangen, sondern parallel zur Lafnitz fließen. Da das Lafnitztal während der Eiszeiten nicht mit Gletschern bedeckt war, verursachten die Temperaturschwankungen im alpinen Raum stark schwankende Wasserabflüsse, was zu starken Erosionen im umliegenden Hügelland führte.

AULANDSCHAFTEN UND IMKEREI

Was bei einem Spaziergang durch einen hochsommerlichen Auwald sofort – und nicht immer nur positiv – auffällt, ist die hohe Zahl an Insekten, die sich im Halbschatten der Bäume tummeln. Schmetterlinge, Wespen, Wildbienen, aber auch Bremsen und Stechmücken: Für viele Hautflügler stellen diese Gebiete ein wahres Paradies mit reichhaltigem Nahrungsangebot dar. Und auch für Honigbienen ist der Tisch reichlich gedeckt: Zahlreiche Weidenarten wie Salweide, Bruchweide und Purpurweide stellen bereits im zeitigen Frühjahr eiweißreichen Pollen und Blütennektar zur Verfügung. Rosengewächse wie die Traubenkirsche schließen ab Mitte April nahtlos an und der Faulbaum leitet den Übergang in die Sommertracht ein. In manchen Jahren honigt die Fichte, die in dieser tiefen Lage allerdings nicht natürlich vorkommt. Bereits Ende Juli blüht die Goldrute mit ergiebigen Pollen- und Nektarmengen. Sie ist in dieser späten Jahreszeit ein wahrer Segen für die Bienen. Kurz darauf blüht das Springkraut und die Bienen kehren, am ganzen Körper mit Pollen bepudert, in ihre Stöcke zurück. Keine andere Vegetationszone unserer Breiten weist eine derart lange Zeitspanne ununterbrochener Futterquellen auf. Zusätzlich steht ständig Wasser in ausreichender Menge für die Versorgung der Brut zur Verfügung. Die Bienen versorgen sich zum größten Teil selbst mit Wintervorräten und überwintern mit starken Populationen. Die vielseitige Pollenversorgung mit Haseln, Erlen, Seggen und Mädesüß stärkt die Widerstandskraft der Bienen gegen Krankheiten. Und nicht zuletzt ein erfreulicher Nebeneffekt für Imker: Das Risiko eines Ernteausfalles ist durch die lange Trachtdauer und die große Zahl an unterschiedlichen Trachtpflanzen gering.

Honige aus Aulandschaften

Gibt es von den auf den folgenden Seiten genannten Haupttrachtpflanzen gerade nichts zu holen, sammelt die Honigbiene auch gerne Nektar von Kratzdistel, Kreuzkraut, Minze, Weiderich, Weißdorn und Traubenkirsche.

BÄRLAUCH

lat. *Allium ursinum*

Der Bärlauch, lat. *Allium ursinum,* zählt zur Familie der Lauchgewächse, *Alliaceae.* Er ist somit verwandt mit Knoblauch, Schnittlauch und Zwiebel. Die Verbreitung der Pflanzenfamilie ist weltweit, die größte Bedeutung haben Laucharten jedoch im gemäßigten Klima der nördlichen Halbkugel. Die frischen Bärlauchblätter sind wegen ihrer frühen Verfügbarkeit, bald nach dem Austrieb im April, in der Wildkräuterküche sehr begehrt und finden vielseitige Anwendung. Dies ist auf den Gehalt an ätherischen Ölen und Disulfid zurückzuführen. Die Blütezeit des Bärlauchs ist im Mai. Honigrelevante Vorkommen von Bärlauch gibt es in vielen Auwäldern etwa an der Donau und in schattigen, feuchten und humusreichen Laubwäldern im Lainzer Tiergarten. Häufig ist er in Gräben, Schluchten und unter Bäumen und Sträuchern zu finden. Bärlauch ist ein Nährstoffanzeiger und benötigt tiefgründige, humose, lockere und immerfeuchte Böden. Er zählt zusammen mit Frühlingsknotenblume, Buschwindröschen, Gelbstern und Lerchensporn zur Gruppe der Frühjahrsblüher, die für feuchte kalkreiche Böden kennzeichnend ist. Bevorzugt kommt Bärlauch in Waldgemeinschaft mit Buche vor und kann im zeitigen Frühjahr den gesamten Waldboden bedecken. Die breiten, stark nach Lauch riechenden Blätter ähneln jenen von Maiglöckchen, die jedoch giftig sind. Bärlauch ist als Pollenproduzent für die Bienen von Bedeutung. In der Volksmedizin findet Bärlauch Anwendung bei Magen- und Darmstörungen.

Bärlauchhonig

Bärlauchhonig wird nur sehr selten als solcher verkauft, da er meist größere Anteile von anderen frühblühenden Nektarquellen, v. a. von Weidenarten, enthält. Der Farbton ist hellgelb, solange er flüssig ist, und beige bis strohfarben, sobald er kristallisiert. Seine Kristalle sind fein und schmelzen rasch auf der Zunge. Erkennbar ist diese Honigrarität am intensiven Geruch nach Knoblauch. Am Gaumen ist Bärlauchhonig sehr süß und zeigt florale Kräuternoten. Dem Honig wird eine heilende Wirkung auf Verdauung und Darmflora zugeschrieben.

ALLIUM URSINUM

Als eine der ersten Trachtpflanzen nach der Winterpause sind frühblühende Weiden von enormer Bedeutung für die Bienen.

SALIX

WEIDE

lat. *Salix*

Die Weide, lat. *Salix,* zählt wie die Pappel zur Familie der Weidengewächse, *Salicaceae*. Innerhalb der Gattung *Salix* gibt es zahlreiche Hybride, da sich die Weidenarten auch untereinander kreuzen. Die Weiden sind weltweit und in allen Klimazonen verbreitet, aber die Mehrzahl der Arten befindet sich in der nördlichen gemäßigten Klimazone. In Europa sind 35 Arten heimisch. Weidenarten gibt es in vielen Erscheinungsformen: von meterhohen Bäumen bis zu winzigen Sträuchern. Es gibt Arten, die in Auwäldern vorkommen, und solche, die man auf steinigen Böden bis in 2500 Meter Seehöhe finden kann. Weiden sind Pionierpflanzen, die Böden erstmalig besiedeln, doch auch als Ziergehölze in Gärten sind sie anzutreffen. Weiden eignen sich gut zur Bepflanzung von Böden mit hohem Grundwasserspiegel und zur Befestigung von Flussufern, Wildbächen und Dämmen. Sie haben eine Pfahlwurzel und holen sich Wasser aus großer Tiefe. Insbesondere die nektar- und pollenreiche Salweide, lat. *Salix caprea,* verwenden viele Imker als Heckenpflanze zur Ernährung der Bienen im zeitigen Frühjahr. Weiden sind zweihäusig, d. h. männliche und weibliche Blüten befinden sich auf verschiedenen Pflanzen. Die Blüten sind sehr einfach gebaut und zu ährenartigen, steifen Blütenständen (Kätzchen) vereinigt. Männliche und weibliche Blüten sondern Nektar ab, jedoch nur die männlichen zusätzlich auch Pollen. Weibliche Pflanzen sind unauffällig grün, männliche wegen des besonderen Blütenstandes und der leuchtenden Pollenstaubbeutel hingegen sehr auffällig gelb. Die Zuckerzusammensetzung des Nektars kann bei verschiedenen Weidenarten erheblich schwanken. Pollen und Nektar sind den ganzen Tag verfügbar. Die Pollen werden von den Bienen in großen hellgelben bis olivbraunen Höschen gesammelt. Der Anteil von Weidenpollen am Gesamtpolleneintrag kann in weidenreichen Gebieten bis zu 70 Prozent betragen. Der Stickstoffgehalt von Weidenpollen beträgt vier Prozent und ist wesentlich höher als der von bereits früher verfügbarem Haselpollen. In Fütterungsversuchen erwies sich Weidenpollen als hochwirksam für die Bienenernährung. Weiden stehen vielerorts, aufgrund ihrer Bedeutung für die Insektenernährung, unter Naturschutz. Sie gelten auch als sehr wichtige Futterquelle für heimische Schmetterlinge. Die Zweige der Korbweide eignen sich aufgrund ihrer Elastizität für Flechtarbeiten wie Körbe. Feldmäßig angelegte Weidenkulturen sind bereits in der Antike bezeugt. Columella schreibt in seinem etwa 60 n. Chr. erschienenen Buch „De re rustica“ über Weidenkulturen und räumt diesen einen höheren Wert als Ölgärten, Getreide und Wiesen ein.

Weidenhonig

Reine Weidenhonige sind in unseren Breiten nicht zu finden. Als eine der ersten Trachtpflanzen nach der Winterpause sind frühblühende Weiden von enormer Bedeutung für die Bienen. Weidenanteile sind in fast allen Frühlingshonigen zu finden. Der Weidenhonig ist dem von Obstgehölzen ähnlich: hellgelb, von mildem Geschmack und feinem Aroma. Weidenhonige sind sehr reich an Pollen.

FAULBAUM

lat. *Frangula alnus*

Der Faulbaum, lat. *Frangula alnus*, gehört zur Familie der Kreuzdorngewächse, *Rhamnaceae*. Die Familie umfasst 50 Gattungen mit 500 Arten von sommer- und immergrünen Bäumen und Sträuchern mit weltweiter Verbreitung. Der Faulbaum wächst als Strauch oder als kleiner Baum. Er kann eine Höhe von bis zu fünf Metern erreichen. Einfach erkennbar ist die Pflanze an den Früchten: grüne Beeren, die sich im Laufe des Sommers rot und zuletzt schwarzviolett verfärben. Die Vermehrung erfolgt hauptsächlich durch Stockausschläge über die Wurzel. Der Faulbaum verträgt Frost und starke Beschattung. Bei der natürlich fortschreitenden Verlandung eines Sees bildet der Faulbaum zusammen mit Weiden eine typische Vegetationsstufe, in der sich später Erlen ansiedeln können. Der Faulbaum kommt in Auwäldern, an Flussläufen und in quellenreichen Gebieten bis in 1400 Meter Seehöhe vor. Er ist in ganz Europa auch als Charakterbaum von Sumpfgebieten typisch. Der Blütezeitraum ist Mai bis Juni. Das Nektar absondernde Drüsengewebe kleidet die ganze Innenseite des Blütenbechers aus und kann von kurzrüsseligen Insekten wie Bienen daher besonders gut erreicht werden. Die Nektarproduktion wird auf 15 bis 30 Kilogramm pro Hektar geschätzt. Die Pollenproduktion des Faulbaums ist für Bienen von untergeordneter Bedeutung. Beeren, Blätter und die frische Rinde des Baumes gelten als giftig.

Der Faulbaumhonig entfaltet am Gaumen Aromen von getrockneten Bananen und Weichselmarmelade.

Faulbaumhonig

Faulbaumnektar ist wichtiger Bestandteil von Moor- bzw. Auhonigen. Reinsortig ist er bei uns nicht zu finden. Seine Farbe ist dunkelbernsteinfarben mit leichtem Rotstich. Die Kristallisation erfolgt langsam und die Kristalle sind weich. In der Nase zeigen sich florale Noten von schwacher Intensität, am Gaumen Aromen von getrockneten Bananen und Weichselmarmelade. Faulbaumhonig hat insgesamt ein komplexes Geschmacksbild ohne Säure und Bitterton mit einem raschen Abgang vom Gaumen.

FRANGULA ALNUS

GOLDRUTE

lat. *Solidago*

Die Goldrute, lat. *Solidago,* zählt wie die Sonnenblume zur Familie der Korbblütler, *Asteraceae.* Die Gattung *Solidago* ist hauptsächlich in Nordamerika verbreitet. Von weltweit etwa 80 Arten ist in Europa nur die Gewöhnliche Goldrute, lat. *Solidago virgaurea,* heimisch. Zwei amerikanische Arten, die in Europa als Zier- und Gartenpflanzen eingeführt wurden, haben sich gut in die heimische Flora eingefügt und sind verwildert. Dies sind die Kanadische Goldrute, lat. *Solidago canadensis,* und die Riesengoldrute, lat. *Solidago gigantea.* Die Goldrute gedeiht auf jeder Art von Boden, besonders gut auf feuchtem, kräftigem Auboden und kann auch Schattenlagen gut vertragen. Sie breitet sich entlang von Gewässern aus. Die Vermehrung der ausdauernden, krautigen Pflanze erfolgt in erster Linie durch Wurzelausläufer, da die Samen selten keimfähig sind. Der Neophyt erreicht eine Höhe von bis zu zwei Metern. Die Goldrute gilt als Pionierpflanze. Sie schafft es, Böden, die etwa durch industriellen Maisanbau jahrelang ausgelaugt wurden, neu zu besiedeln.

Für die Imkerei ist das massenhafte Auftreten der Goldrute ein Segen. In einer Jahreszeit, in der in der heimischen Flora kaum noch Blüten vorkommen, also etwa ab Mitte Juli, bietet dieser Neophyt den Bienen reichlichen Pollen- und Nektareintrag. Aber auch Wildbienen, Schwebfliegen, Tagfalter und Käfer befliegen die Blüten intensiv. Der Honigwert wird auf 179 Kilogramm pro Hektar geschätzt. Die Goldrute findet in Form von Tee Anwendung als Heilmittel. Die Wirkung wird mit harntreibend, entzündungshemmend, krampflösend und antioxidativ beschrieben. Außerdem hat die Pflanze eine pilzhemmende Wirkung und lindert Nierenleiden.

Goldrutenhonig

Goldrutenhonig ist rar, kann aber vor allem in Auwäldern entlang von größeren Flüssen reinsortig gewonnen werden. Da der Blühzeitpunkt der Pflanze jedoch sehr spät ist, überschneidet sich die Ernte mit der Vorbereitungszeit der Bienen auf die Winterruhe. Der Honig bleibt aufgrund eines höheren Fructoseanteils lange flüssig. Der Farbton ist dunkelgelb mit bräunlichem Einschlag. Die Honige gelten als sehr aromatisch.

SPRINGKRAUT

lat. *Impatiens*

Das Springkraut, lat. *Impatiens,* zählt zur Familie der Balsaminengewächse, *Balsaminaceae.* Für die Bienen interessant ist das Drüsige Springkraut, lat. *Impatiens glandulifera,* das aus dem Himalaya stammt und bis zu zwei Meter hoch werden kann. Es ist eine einjährige, nicht verholzende Pflanze mit weißen, rosa oder roten Blüten. Der Blühzeitpunkt dieses Neophyten ist, ähnlich wie der der Goldrute, Mitte Juli bis September. Der Fruchtknoten reift zu einer spindelförmigen Kapsel, die bei der leichtesten Berührung mit hörbarem Knacken aufplatzt und ihre Samen bis zu sieben Meter von sich schleudert.

Das Drüsige Springkraut wurde 1839 vom Arzt und Pflanzensammler John Forbes Royle aus Kaschmir nach England gebracht. Ursprünglich als Gartenpflanze verbreitet, ist es in Mitteleuropa oft verwildert und entlang von Flussläufen auf feuchten Wiesen und an Waldrändern anzutreffen. Springkrautarten bilden traubenartige Blütenstände mit drei bis zehn Blüten. Die Nektarien liegen in einem Sporn, der von einem Kelchblatt gebildet wird. Der Sporn ist häufig völlig mit Nektar gefüllt und erreicht eine Länge von fünf bis sieben Millimetern, der Eingang ist so breit, dass er auch von der kurzrüsseligen Honigbiene ausgebeutet werden kann. Außer den Blütennektarien besitzt das Drüsige Springkraut noch Nektarien am Blattstiel. Der Blütennektar besteht hauptsächlich aus Saccharose. Springkraut ist auch Lieferant von Pollen, wobei Bienen nach dem Besuch von Springkrautblüten aussehen, als seien sie mit Staubzucker bepudert worden.

Die Blätter und Blüten von *Impatiens glandulifera* finden Verwendung als Heilmittel gegen Insektenstiche und Pilzinfektionen der Haut.

Springkrauthonig

Reinsortige Honige sind hierzulande nicht zu finden. In der Literatur wird Springkrauthonig solange flüssig als gelblich, sobald kristallisiert als fast weiß, süß und ohne ausgesprochenes Aroma beschrieben.

Feld

Weinviertel

N

Feldkulturen, insbesondere Raps und Sonnenblume, gelten als wichtige „Brotfrüchte“ für die Imkerei, sind sie doch besonders ergiebige Trachtquellen für Bienen. Eine Kooperation mit gegenseitigem Nutzen, denn auch Fruchtansatz und Erträge steigen bei guter Bestäubung.

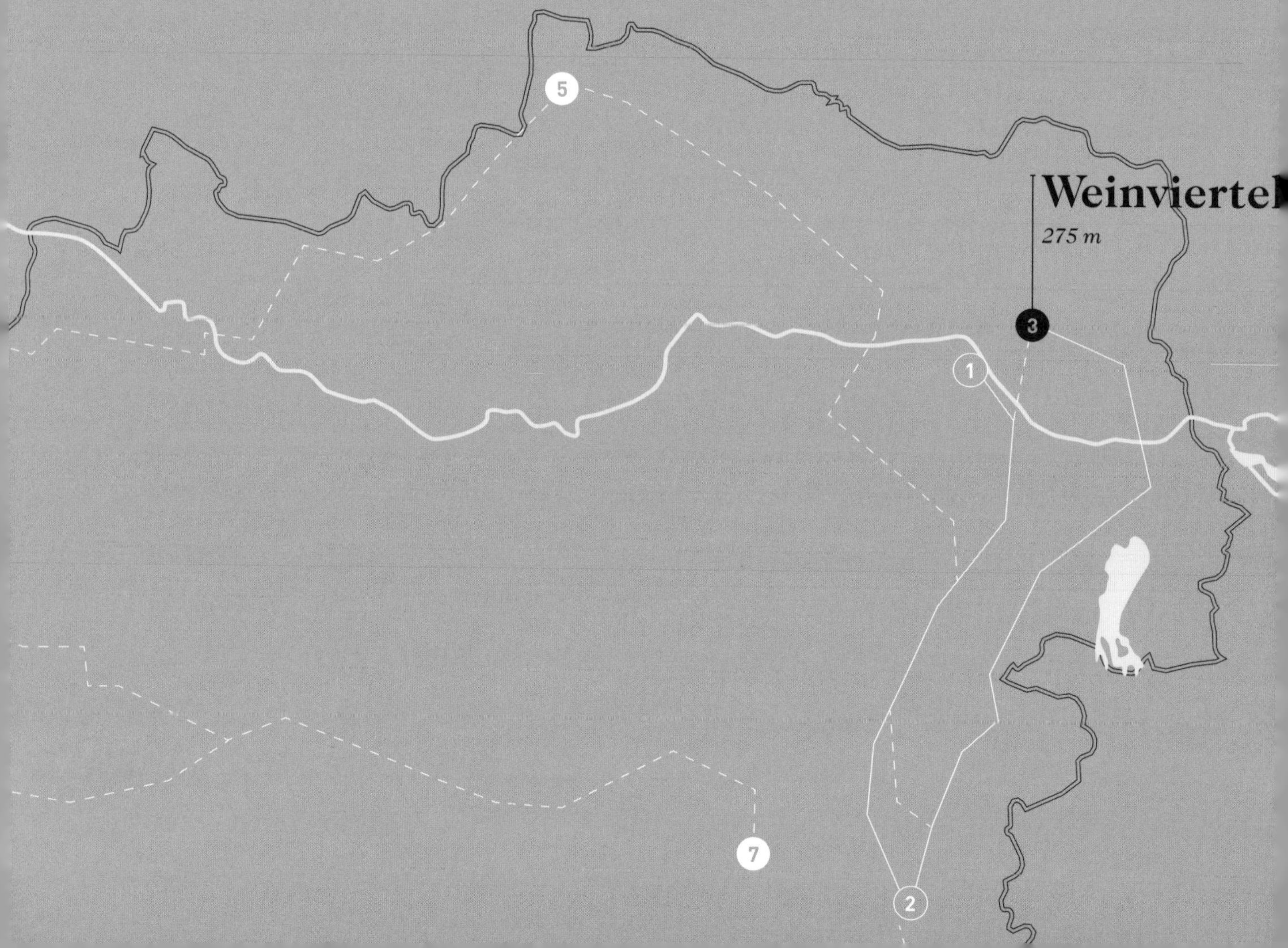

Feldkulturen am Rande der Pannonischen Tiefebene

AM BEISPIEL

WEINVIERTEL

Das Weinviertel: endlose Sonnenblumenfelder, sanftwellige Hügel, Ortschaften geduckt in Niederungen, wie um sich vor dem ständigen Wind zu schützen.

Christian Johannides

WEINVIERTEL

Wie Christian Johannides, als einer der wenigen Erwerbsimker Österreichs, den Drahtseilakt zwischen Herzensangelegenheit und geschäftlichem Druck meistert.

Sonntag 12. Juli, Mittag. Eine mächtige Staubwolke steigt im Sog des Fahrtwindes in die Höhe. Der ausgetrocknete Feldweg ist steinhart und Christian Johannides hat es eilig mit seinem Pick-up. Neben ihm sein 11-jähriger Sohn Jakob. Hinter uns streift Staub über die angrenzenden Äcker, vor uns endlose Sonnenblumenfelder, sanftwellige Hügel, Ortschaften geduckt in Niederungen, wie um sich vor dem ständigen Wind zu schützen. Weiter hinten ein Mosaik von Feldern in allen Größenordnungen. Wein auf den Hügeln. *„Wenn man rausschaut, könnte man glauben, paradiesische Zustände für die Bienen, aber leider, die Honigernte bei der Sonnenblume wird von Jahr zu Jahr kleiner. Und mit dem Raps ist es ähnlich.“*

Sortenzüchtungen mit zu engen Röhrenblüten, die die Bienen nicht zum Nektar gelangen lassen, und Züchtungen von Sorten, die keine Fremdbestäubung brauchen, machen die Honigerträge der Sonnenblume immer unregelmäßiger. Dazu kommen noch Trockenheit und extreme Temperaturen während der Blüte. Dabei hätten die Bauern selbst Interesse, bei der Sortenwahl an die Bienen zu denken, denn von Bienen bestäubte Pflanzen liefern eine bessere Samenqualität, das bedeutet: weniger leere und dafür größere Samen mit einem höheren Ölgehalt. Ein weiterer Vorteil der Insektenbestäubung für die Landwirte liegt auch im gleichmäßigeren und früheren Abreifen der Samen. Damit wird eine frühere Ernte ermöglicht.

Der Imker bremst abrupt: *„Da hinten, der Acker beginnt erst zu blühen“*, ein Lächeln huscht über seine Lippen. *„Das könnte die Trachtzeit verlängern, gleich nach Blühbeginn ist der Eintrag am stärksten.“* Selten hat man so viel Enthusiasmus ob eines blühenden Ackers erlebt.

Mit 14 Jahren beschloss Christian, sich für ein paar Tage schulfrei zu nehmen. Ohne Wissen seiner Eltern. Schließlich war der Imkerkurs am Vormittag und man muss Prioritäten setzen. Das wusste Christian Johannides schon in jungen Jahren. *„Lauter alte Leute sind dort dringesessen“*, lacht der 43-Jährige heute. Der gelernte Forstwirt hatte früh mit der Imkerei begonnen. Neben Standorten in unmittelbarer Nähe seines Wohnortes Leobersdorf sind es vor allem seine Bienenstände

> **„Wenn man rausschaut, könnte man glauben, paradiesische Zustände für die Bienen, aber leider, die Honigernte bei der Sonnenblume wird von Jahr zu Jahr kleiner.“**

EW YORK
APIFONDA

im Weinviertel, die die sichersten Erträge bringen. Die Frage, wie viele Völker er sein Eigen nennen darf, beantwortet er mit einem Lächeln *„Ein paar hundert werden es schon sein, genau kann ich es nicht sagen.“* Seine Völker sind, den Jahreszeiten und Trachtpflanzen entsprechend, weit verteilt: beim Raps im zeitigen Frühjahr, dann in der Blüte der Akazie, ein Bienenstand in der Waldregion des Hochwechsels, ein anderer steht am Fuße des Rosaliengebirges in Erwartung der Linden- und Edelkastanienblüte. Anfang Juli, quasi am Ende der Honigsaison, werden sämtliche Völker nochmals in die Schlacht um die Sonnenblume geworfen. Ein paar Völker da, ein paar Stände dort. Fast scheint es, man unterhalte sich mit einem Feldherrn. Doch dann fügt er hinzu: *„Was das Jahr dann noch an Blüten bringt, gehört den Bienen.“* Wobei die Freiheit der Bienen nicht bedeute, dass auch der Imker die restliche Zeit des Jahres den lieben langen Tag Däumchen drehe, Grashalme kaue und Nickerchen unter Strohhut und Linde mache, stellt der Imker trocken fest. Auch wenn diese Vorstellung schön ist. Der Alltag eines Berufsimkers sieht anders aus.

Im Schatten einer Baumgruppe stellt er sein Fahrzeug ab und beobachtet den Bienenflug. Als sein Sohn mit ihm aus dem Wagen steigt, lässt sich bereits am Stolz, mit dem der kleine Mann den Imkerhut trägt, erahnen, welchen Beruf er einmal ergreifen wird. Vorläufig zumindest. Nachdem Jakob Rauch gemacht und damit die Bienen besänftigt hat, öffnet der Imker ein Volk und zieht vorsichtig ein Rähmchen heraus. Ein eingespieltes Team.

Feldkulturen, insbesondere Raps, Sonnenblume und Buchweizen, werden von Imkern häufig als Wanderstandorte genutzt, selten wird hier auch überwintert. Der Grund dafür ist, dass in großen Ackerbauzonen außerhalb des Blühzeitraumes der jeweiligen Kulturpflanze nur ein geringes Angebot an Nektar und Pollen besteht. Meist liegen diese Flächen auch in Ebenen und sind zusätzlich stark windexponiert. Es kann durchaus vorkommen, dass Bienenvölker in blühenden Feldern überhaupt keine Nahrung finden. Die Gründe dafür können vielfältig sein: Sortenzüchtungen bei Sonnenblumen, die nur wenig Nektar produzieren, starke Trockenheit, große Hitze, aber auch zu niedrige Temperaturen, ideal für den Bienenflug sind Tagestemperaturen zwischen 20 und 25 Grad. Auch Regenperioden können Ernteerwartungen zunichtemachen. So einfach ist es also nicht. In guten Jahren und an vorteilhaften Stand-

Christians Völker sind, den Jahreszeiten und Trachtpflanzen entsprechend, weit verteilt.

orten können die Honigernten aus Feldkulturen aber beträchtlich ausfallen. Sie sind daher wesentlich für die Wirtschaftlichkeit der Erwerbsimkerei.

Wir sind in seiner Verarbeitungshalle in der Nähe von Leobersdorf, wo die süße Arbeit der Bienen von Christian Johannides zusammenfließt. Eine kleine Küche, ein alter Holztisch und eine riesige Halle. Honigfässer mit 300 Liter Fassungsvermögen, die auf die Abholung warten, reihen sich an meterhohe Berge von Holzrähmchen, die auf ihr Service für die nächste Saison warten, damit die Bienen dort wieder ihren Honig einlagern können. Christian Johannides ist kein kleiner Imker. Er lebt von der Imkerei und da braucht es schon einige Millionen summender Mitarbeiterinnen, um die dafür notwendigen Mengen zu stemmen. *„Ein leichter Beruf ist es nicht"*, hängt der Niederösterreicher seinen Gedanken nach. Und ergänzt nach einem verträumten Blick in den Kaffee: *„Wobei, ich kenne auch keinen, der aufgehört hat."*

Stolz macht ihn das. Und ein bisschen Angst hat er davor. Hassliebe wäre zu viel. Etwas zwiespältig ist sie auf jeden Fall, die Beziehung von Johannides zu seinen Bienen. *„Am Anfang der Saison kannst du es gar nicht erwarten, wenn es wieder zu summen beginnt. Gegen Ende wünscht man sich endlich Ruhe"*, so der Imker, der nach einem Studium der Forstwirtschaft dann doch bei dem geblieben ist, was ihm sein Großvater mit knappen sechs Jahren erstmals gezeigt hat. Das Imkern. *„Das Bienenhaus meines Großvaters gibt es heute noch. Und dort gibt es auch keinen Handyempfang. Das ist herrlich!"* Die vielen Schichten einer komplexen Imkerpersönlichkeit fangen an, ineinanderzugreifen.

Sich auf Weihnachtsmärkten die Füße abfrieren oder Direktvermarktung, womöglich noch von Haus zu Haus? Nein, das ist nichts für Christian Johannides. Lieber schickt er seinen Honig via Großhandel in alle Ecken Österreichs und auch nach Deutschland. *„Am besten schmeckt mir mein Honig direkt aus dem Stock"*, so der Imker über Qualitätsprüfungen, die seinen Vorstellungen entsprechen. Natürlich wird sein Honig, ehe er in den Handel darf – abgesehen von der persönlichen Geschmacksprobe –, noch einer Menge weiterer Analysen und Tests unterzogen. Auch kehrt der Bienenzüchter niemals von einem Urlaub ohne landestypische Kostproben heim: Honig, natürlich! Und so gibt es zu unserem Gespräch süßes Gold aus fünf Kopenhagener Stadtbezirken und Propolis-Honig mit

„Am Anfang der Saison kannst du es gar nicht erwarten, wenn es wieder zu summen beginnt. Gegen Ende wünscht man sich endlich Ruhe."

Walnüssen aus Rumänien. *„Ich kann nicht anders, als immer nach Bienen und Stöcken Ausschau zu halten. Man will ja wissen, wie die das dort machen"*, so der Niederösterreicher und entwaffnet sich dabei immer weiter selbst, was seine Argumente gegen Bienen und die Arbeit mit Honig betrifft. *„Zu bürokratisch ist vieles"*, so der Erwerbsimker, reist in Gedanken kurz nach Argentinien – weil es dort auch herrlichen Honig gibt – und gibt als Resümee dann noch folgendes Statement ab: *„Im tiefsten Inneren möchte ich nichts anderes machen."* Und das nimmt man ihm ab. Selbst dann, wenn sich das Gespräch gegen Ende um verrutschende Bandscheiben und Stress bei der Honiggewinnung dreht. Sein schönstes Wanderimkererlebnis: *„Campen mitten im Almrausch mit meinen Bienen und mit meinem Sohn."*

Rapsfeld

Was macht der Imker mit seinem Honig?

Walnusskerne karamellisiert in Sonnenblumenhonig mit Hartkäse als Dessert

ZUTATEN

FÜR 2 PERSONEN

250 g ganze Walnusshälften
schwarzer Pfeffer, frisch gemahlen
3 EL Sonnenblumenhonig
100 g Hartkäse aus Kuh-Rohmilch

ZUBEREITUNG

Walnusshälften vorsichtig in einer Pfanne rösten, bis sie zu duften beginnen. Etwas Pfeffer aus der Mühle über die gerösteten Nüsse mahlen, sofort Honig darüberträufeln und aufschäumen lassen, schwenken, damit alle Nusshälften gleichmäßig bedeckt werden. Locker auf Fettpapier aufschütten und auskühlen lassen.

Käse auf Dessertteller servieren, mit Honig beträufeln, karamellisierte Nüsse dazugeben, servieren.

Der säuerlich-aromatische Sonnenblumenhonig harmoniert perfekt mit der Würze des Käses.

„Honig, am liebsten direkt aus dem Bienenstock und dort verspeist, wo es keinen Handyempfang gibt."

CHRISTIAN JOHANNIDES ÜBER SEINE HONIG-VORLIEBEN

FELDKULTUREN

Wissenswertes

In Österreich liegt der Schwerpunkt des Anbaus von Feldkulturen in den östlichen Bundesländern: Im Mühl-, Wald- und Weinviertel, in der Pannonischen Ebene sowie im südöstlichen Flach- und Hügelland. Im Jahre 2010 gab es laut Statistik Austria insgesamt 48.000 landwirtschaftliche Betriebe mit dem Haupterwerbszweig Ackerbau, mit einer durchschnittlichen Betriebsgröße von 39 Hektar. Damit setzt sich ein Trend fort, der bereits seit Jahrzehnten beobachtet werden kann und von allen landwirtschaftlichen Betriebssparten im Ackerbau am deutlichsten zutage tritt: Immer weniger Betriebe bewirtschaften immer größere Flächen. Ein weiteres Phänomen ist das nahezu vollständige Verschwinden von Feldkulturen aus dem gesamten alpinen Bereich.

BODEN

Die wichtigste Voraussetzung für den Anbau von Feldkulturen ist der Boden und dieser entsteht außerordentlich langsam. Die Bodenbildung ist das Ergebnis eines jahrtausendelangen Zusammenspiels physikalischer, chemischer und biologischer Prozesse. Das Klima, die Arbeit der Bodenlebewesen und die Nutzung durch den Menschen sind die treibenden Kräfte, dass aus Gestein langsam Boden wird. Dies braucht enorm viel Zeit. Damit sich ein Zentimeter fruchtbarer Boden bildet, vergehen etwa 200 Jahre. Böden erfüllen ganz unterschiedliche Funktionen. Böden sind Lebensgrundlage und Lebensraum für Menschen, Tiere, Pflanzen und Mikroorganismen. Sie sind auch Hauptbestandteil von Ökosystemen und komplexer Wasser- und Nährstoffkreisläufe. Der Boden filtert Schadstoffe und hat Bedeutung in der Umwandlung von chemischen Verbindungen. Er schützt so das Grundwasser, ernährt Pflanzen, Tiere und Menschen und beeinflusst das Klima. Der Boden ist unsere Lebensgrundlage.

KLIMA

Die wesentlichen Klimafaktoren für erfolgreichen Ackerbau sind ausreichend Niederschläge, eine genügend hohe Zahl an Vegetationstagen sowie eine hohe Jahresdurchschnittstemperatur. Sowohl im pannonischen als auch im illyrischen Klimagebiet des Ostalpenrandes ist beides seit der letzten kleinen Eiszeit (1350–1860 n. Chr.) gegeben und bietet somit günstige Voraussetzungen für hohe Erträge. In den letzten Jahren gehäuft auftretende Dürreperioden und starke Unwetter mit Hagel und Sturm führen allerdings zu immer größeren Schwankungen der Erntemengen.

BESTÄUBUNG

Eine weitere Voraussetzung für gute Erträge ist bei vielen Kulturpflanzen die Bestäubung. Der deutsche Naturforscher Christian Konrad Sprengel hat vor 200 Jahren in seinem Werk „Das entdeckte Geheimnis der Natur" zum ersten Mal die enge Wechselbeziehung zwischen Bienen und Blüten beschrieben. Von allen Bestäubungsinsekten kommt der Honigbiene die größte Bedeutung zu, da sie in großen Kolonien überwintert und aus diesem Grunde bereits im zeitigen Frühjahr eine große Zahl an Individuen für den Bestäubungseinsatz zur Verfügung stehen. Bei Hummeln überwintert die Königin allein. Sie muss ihr Volk jedes Jahr von neuem aufbauen. Dafür hat die Hummel den Vorteil, dass sie auf Grund ihres Körperbaues und ihres Stoffwechsels schon bei sehr niedrigen Temperaturen flugbereit ist. Um ein Kilogramm Honig zu sammeln, besuchen Bienen, z. B. bei Rotklee, mehr als drei Millionen Einzelblüten. Umgelegt auf ein gesamtes Jahr kann man davon ausgehen, dass ein einziges Bienenvolk, um seinen Nahrungsbedarf zu decken, einige 100 Millionen Blüten von Kultur- und Wildpflanzen besucht und bestäubt. Viele Obst- und Gemüsearten sind in hohem Maße von der Bestäubung durch Insekten (und insbesondere durch die Bienen) abhängig. Aber auch für Feldfrüchte hat die Anwesenheit von Bienenvölkern während der Blüte positive Auswirkungen auf die Erträge: So ist beispielsweise bei Raps und Sonnenblume die Samenzahl pro Schote bzw. Blühkopf und auch der Ölgehalt der Samen wesentlich höher. Bei Buchweizen führt intensive Bienenbestäubung zu erhöhter Samenbildung.

WEINVIERTEL

Das Weinviertel ist die große Kornkammer im Nordosten Österreichs und wird durch drei Flüsse begrenzt: im Süden die Donau, die Thaya im Norden, im Osten die March. Im Westen bildet der Manhartsberg den Übergang zum Hochland des Waldviertels. Die Ackerböden des Weinviertels sind überwiegend aus windverfrachtetem Lößsand entstanden und weisen mächtige Humushorizonte von bis zu 50 Zentimetern auf. Sie sind ausreichend durchlüftet und haben ein gutes Wasserhaltevermögen. Das Weinviertel zählt mit etwa 500 Millimetern Jahresniederschlag österreichweit zu den trockensten Gebieten. Es liegt im pannonischen Klimabereich mit mäßig kalten Wintern und trockenen Sommern.

IMKEREI UND FELDKULTUREN

Aus Sicht der Imker sind insbesondere Raps, Sonnenblume, Buchweizen und Kornblume für die Honigerzeugung interessant. Raps, der österreichweit auf 50.000 Hektar angebaut wird, steht an erster Stelle. Durch die frühe Blüte ermöglicht diese Ölfrucht nicht nur bedeutende Honigerträge, sondern auch eine starke Entwicklung der Bienenvölker nach der langen Winterruhe. An zweiter Stelle folgt die Sonnenblume, die besonders im Weinviertel sehr häufig anzutreffen ist. Die Anbaufläche beträgt bundesweit etwa 20.000 Hektar. Der späte Blühzeitpunkt bildet meist den Abschluss der Honigsaison. Als Mitte der 80er Jahre des vorigen Jahrhunderts im Marchfeld erstmals Raps und Sonnenblume angebaut wurden, verdreifachten sich schlagartig die Honigerträge pro Bienenvolk. Von nachgeordneter Bedeutung ist Buchweizen, der in Österreich weitgehend von den Feldern verschwunden ist und lediglich auf 1200 Hektar gebaut wird. Kornblumen sind häufig als Beikräuter in Getreidefeldern anzutreffen und ergeben nur selten reinsortige Honige.

BEDEUTUNG VON HECKEN IN DER LANDSCHAFT

Hecken und Windschutzgürtel sind für Honigbienen von großer Bedeutung. Sie stellen sowohl einen bedeutenden Sammelplatz für Nektar, Pollen und Propolis als auch Rastmöglichkeit und Windschutz bei ihrer Arbeit dar. Bienen fliegen entlang von Hecken, um an windreichen Tagen Energie zu sparen. Im Schatten der Hecken ist es auch kühler. Eine vielfältige Artenzusammensetzung an Sträuchern und Bäumen ist sehr wichtig, damit die Bienen zu verschiedenen Jahreszeiten Nahrung finden. Im Heckeninneren blühen im Frühling Buschwindröschen, Leberblümchen und Lerchensporn, an den Rändern Schneeglöckchen, begleitet von Haseln, Weiden und Pappeln. Im Sommer steht eine Vielzahl an Blütenpflanzen zur Verfügung und der Efeu bietet noch im Spätherbst letzte Nahrung. Hecken und Sträucher werden für Bienen (und Insekten im Allgemeinen) immer wichtiger, denn sie finden dort eine Vielfalt, die auf intensiv bewirtschafteten Flächen nicht mehr gegeben ist.

Honige aus Feldkulturen

Abgesehen von den auf den folgenden Seiten genannten Haupttrachtpflanzen sammelt die Honigbiene auch gerne Nektar von Ackerbohne, Esparsette, Klee, Kohl, Kürbis, Fenchel, Gurke, Futtermalve, Lauch, Luzerne, Wicke, Phacelia, Rübsen, Senf, Färberdistel und Spargel. Als reine Pollenlieferanten sind auch Mais und Mohn von Bedeutung. Nur in großen Monokulturen ist Honig zu 100 Prozent reinsortig. In nahezu allen Honigen von Feldkulturen finden sich auch Einträge von Pollen und Nektar aus verschiedenen botanischen Quellen. Im Folgenden nun die wichtigsten Honige aus Feldkulturen und ihre Trachtquellen im Detail.

Nur in großen Monokulturen ist Honig zu 100 Prozent reinsortig.

BRASSICA NAPUS

RAPS

lat. *Brassica napus*

Raps, lat. *Brassica napus,* zählt zur Familie der Kreuzblütler, *Brassicaceae.* Seit langem ist die Pflanze in Regionen verbreitet, in denen keine anderen Ölfrüchte wie Oliven oder Mohn bekannt waren. Im Mittelalter diente Raps vorwiegend zur Erzeugung von Lampenöl. Die ältesten Funde von Rapssamen in Mitteleuropa reichen bis in die Zeit der Germanen zurück.

Die Bienen begegnen dem Raps zu zwei Zeitpunkten in ihrem Arbeitsjahr. Zum einen als bereits im August des Vorjahres gesäte Feldkultur. Aus diesem Raps entsteht dann das Speiseöl. Zum anderen dient Raps auch als Gründüngungspflanze nach der Getreideernte. Insbesondere im ersten Fall sind die Felder bei den Wanderimkern sehr begehrt, da der Raps über einen längeren Zeitraum als zuverlässiger Lieferant von Pollen und Nektar gilt. Aufgrund der frühen Blüte im April führt dies zu einer explosionsartigen Entwicklung des Bienenvolkes mit starker Brut- und Bautätigkeit. Meist können die Honigüberschüsse als ausgiebige Frühjahrstracht geerntet werden. Allerdings werden in den letzten Jahren verstärkt Hybridsorten angebaut. Diese Hybridzüchtungen produzieren wenig Nektar und liefern den Bienen kaum Pollen. Dabei hat die Gegenwart von Bienen im Rapsfeld für beide Seiten einen großen Nutzen: Der Landwirt hat durch eine gute Bestäubung einen höheren Ertrag und der Imker stark entwickelte Völker und eine ergiebige Honigernte.

Rapshonig

Rapshonig wird selten reinsortig als solcher verkauft. Er ist meist Teil von Frühlingsblütenhonig. In Gegenden mit großen Feldkulturen können die Produktionsmengen beträchtlich sein. Rapshonig kristallisiert aufgrund des hohen Glucoseanteils sehr rasch. Die auffallend helle Färbung des Honigs ist charakteristisch: hellgelb solange flüssig, weiß mit Graustich in kristallisiertem Zustand. An gekochtes Weißkraut erinnernder, leicht derber Geruch mit floralen und fruchtigen Aromen; am Gaumen seidig-weich, sehr cremige, schmalzartige Konsistenz, ausgeprägte Süße, kaum Säure, geringe Intensität des Geschmacks. Am Gaumen verbleibt kaum Nachgeschmack.

SONNENBLUME

lat. *Helianthus annuus*

Die Sonnenblume, lat. *Helianthus annuus,* ist eine einjährige Pflanze und zählt zur Familie der Korbblütler, *Asteraceae.* Die Heimat der Sonnenblume ist Nordamerika. Seit dem 17. Jahrhundert wird sie auch in Europa gepflanzt. Von den insgesamt über 50 *Helianthus*-Arten hat neben der Sonnenblume noch eine zweite Spezies Bedeutung erlangt: Topinambur, lat. *Helianthus tuberosus.* Die Sonnenblume dient als Öl- sowie Samenlieferant sowie als Grünfutterpflanze. Die jungen Pflanzen wachsen sehr schnell und brauchen kräftige, stickstoffreiche Düngung, viel Sonne und ausreichend Wasser. Der auffällige Blütenkorb der Sonnenblume kann einen Durchmesser von bis zu 40 Zentimetern erreichen. Er besteht aus tausenden kleinen Röhrenblüten. Die Sonnenblume hat einen bemerkenswerten Mechanismus zur Verhinderung der Selbstbestäubung entwickelt, die sogenannte Protandrie: Bei Öffnung der Blüten tritt zuerst der Pollen hervor, der vom Griffel durch die Blütenröhre nach außen geschoben wird. Erst nach Abernten des Pollens durch die Bestäubungsinsekten spreizen sich die beiden Narbenäste auseinander und die Bestäubung mit blütenfremdem Pollen kann erfolgen. Die Quelle des Nektars, das Nektarium, liegt auf dem Blütengrund. Aufgrund von Unterschieden bei der Länge der Röhrenblüte ist der Nektar nicht bei allen Sonnenblumensorten für Honigbienen zugänglich. Das Abblühen der Scheibe beginnt von außen nach innen. Der Blühbeginn für Sonnenblumen ist im Weinviertel Anfang Juli, die Blühdauer beträgt etwa zwei Wochen. Später gepflanzte Felder können die Trachtdauer stark verlängern. Für Imker sind die Sonnenblumenkulturen von großer wirtschaftlicher Bedeutung, da sie einerseits die Honigsaison verlängern und andererseits eine bedeutende Ernte ermöglichen. Zusätzlich können sich die Bienen durch die Sonnenblume einen Vorrat an gut verdaulichem Winterfutter verschaffen. Von der Bestäubung der Felder mit Bienen profitieren auch die Landwirte. Das Abreifen der Felder erfolgt gleichmäßiger und die Hektarerträge sind höher. Bemerkenswert ist die Fähigkeit der jungen Sonnenblumenpflanze, ihre Blüten in Richtung Sonne zu drehen. Der Mechanismus wird von Phytohormonen gesteuert, die durch eine Änderung des Wassergehaltes in den Zellen ein Drehen des Blütenkorbes ermöglichen. Der eindrucksvolle Blütenstand, der in Farbe und Form charakteristisch ist, hat unzählige Künstler inspiriert. Berühmt sind die Sonnenblumenbilder von van Gogh. In den 60er Jahren des letzten Jahrhunderts war die Sonnenblume das Symbol der Hippie-Bewegung.

Charakteristisch für den Sonnenblumenhonig ist seine auffällige dottergelbe Farbe.

In der Traditionellen Chinesischen Medizin ist der Götterbaum eine bedeutende Heilpflanze. Er ist einer der wenigen Bäume, dem auch ein literarisches Denkmal gesetzt wurde. Betty Smith hat dem Götterbaum – als Symbol des Überlebens in einer feindlichen Umgebung – mit ihrem Buch „A Tree grows in Brooklyn" ein ganzes Buch gewidmet.

Sonnenblumenhonig

Sonnenblumenhonig ist einer der häufigsten Honige aus Feldkulturen. Er kristallisiert aufgrund des hohen Glucosegehaltes sehr rasch und entwickelt eine harte, feinkörnige Konsistenz. Er wird daher meist cremig gerührt. Charakteristisch ist seine auffällige dottergelbe Farbe. Anregender Geruch nach würzigen Sommerkräutern, Heu und Blütenpollen prägt das Aroma. Am Gaumen zeigt sich erst ein Eindruck von Frische – dieser ist den hohen Säurewerten zu verdanken –, um dann in eine verhaltene Süße überzugehen. Im Abgang Noten von Salbei und kandierten Südfrüchten, wobei dieser von mittlerer Länge ist.

Ein Charakteristikum, an dem Sonnenblumenhonige leicht zu erkennen sind: Nach dem Schlucken erzeugt die Säure des Honigs durch Reizung der Schleimhäute einen leichten Hustenreiz. Eine weitere Besonderheit von Sonnenblumenhonig (und einiger anderer Cremehonige mit guter Ausreifung und geringem Wassergehalt) ist die Bildung von weißen Flecken auf dem Glas. Dies erfolgt meist bei Lagerung unter tiefen Temperaturen. Dabei zieht sich der Honig zusammen, verringert sein Volumen und löst sich vom Glas. Diese Stellen treten als weiße Flecken in Erscheinung, die jedoch die Qualität des Honigs nicht beeinträchtigen.

KORNBLUME

lat. *Centaurea cyanus*

Die Kornblume, lat. *Centaurea cyanus,* zählt zur Familie der Korbblütler, *Asteraceae.* Sie stammt vermutlich aus dem östlichen Mittelmeerraum. Durch die leuchtend blaue Farbe ist sie in Getreidefeldern schon von weitem sichtbar. Meist wächst sie an eher trockenen, sandigen Standorten und an den Ackerrändern gemeinsam mit Klatschmohn. Häufig ist sie in biologisch bewirtschafteten Feldern anzutreffen, denn die Kornblume ist ein Bioindikator, der anzeigt, wie die Düngung mit Stickstoff in den vergangenen Jahren erfolgt ist. Aus mit Jauche und Gülle überdüngten Feldern ist sie gänzlich verschwunden. Die Pflanze ist einjährig und vermehrt sich durch Samen. Der Zuckergehalt des Nektars der Kornblume liegt mit einem Anteil von 34 Prozent sehr hoch.

Die auffällige Blume begleitet den Menschen, seit er sesshaft wurde und Ackerbau betreibt. Unzählige lokale Bezeichnungen zeugen von einer flächendeckenden Verbreitung in Europa. Selbst Ceres, die römische Göttin des Ackerbaus, trug die Kornblume im Haar.

Detail am Rande: Symbolisch beladen wurde die Kornblume in unseren Breitengraden leider zu Beginn des 20. Jahrhunderts. Sie stellte ein Symbol für deutschnationales Gedankengut dar. Das Tragen der Kornblume wurde daher von den österreichischen Behörden zeitweise unter Strafe gestellt und galt als Hochverrat. Von 1933 bis 1938 war die Kornblume das Erkennungszeichen der illegalen Nationalsozialisten.

Kornblumenhonig

Monoflorale Honige von der Kornblume sind äußerst selten, meist sind sie Teil von Sommerblütenhonigen. Kornblumenhonig ist hellgelb, solange er flüssig ist, wenn kristallisiert, hell-bernsteinfarben mit Grünschimmer. Seine Kristalle sind weich und feinkörnig. Florale, wenig ausgeprägte Geruchsaromen. Der Geschmack ist von mittlerer Intensität und leicht bitter.

Reine Kornblumenhonige sind sehr selten.

BUCHWEIZEN

lat. *Fagopyrum esculentum*

Der Buchweizen, lat. *Fagopyrum esculentum,* zählt wie Rhabarber zur Familie der Knöterichgewächse, *Polygonaceae.* Mehrere Gattungen der Knöterichgewächse sind als Nektar- und Pollenlieferanten von Bedeutung – so wie beispielsweise der Wiesenknöterich und eben auch der Buchweizen. Manche liefern nur Pollen wie z. B. der Ampfer. Buchweizenkörner verwendet man zur Herstellung von Mehl. Der Buchweizen kam im Mittelalter von Mittelasien nach Europa und ergänzte als Pseudocerealie das Getreideangebot. Der Einsatz des Kunstdüngers machte den Anbau von anspruchsvolleren Feldfrüchten auch auf schlechten Böden möglich und verdrängte so den Buchweizen wieder von den Feldern. Die auffällig weiß- bzw. rosablühenden Felder haben, sofern auf eine Honigernte verzichtet wird, auch große Bedeutung für die Selbst-Auffütterung der Bienen für die Ruhezeit im Winter. Sie waren daher immer schon beliebtes Ziel von Wanderimkern. Buchweizen ist anspruchslos und gedeiht auch auf nährstoffarmen Böden. Die Pflanze ist einjährig und hat eine spindelförmige Wurzel. Die Blüten öffnen sich frühmorgens und schließen sich gegen drei Uhr nachmittags. Jede Blüte öffnet sich jeweils nur einen Tag, die Nektarabsonderung dauert ein bis vier Stunden. Da jedoch zwischen 300 und 1800 Blüten auf einer Pflanze sind, ist Buchweizen eine gute Nektarquelle. Allerdings bestehen große Unterschiede zwischen den einzelnen Kultursorten. Die gesamte Zuckerabsonderung wird auf bis zu 490 Kilogramm pro Hektar geschätzt. Buchweizen ist auch ein bedeutender Pollenspender für die Bienen.

Buchweizenhonig

Reinsortiger Buchweizenhonig ist hierzulande äußerst rar. Von größerer Bedeutung ist er in einigen Nachbarländern, insbesondere in der Ukraine, in Polen und in Slowenien. Die dunkle Bernsteinfarbe des Honigs ist eine Besonderheit. Von allen heimischen Blütennektarhonigen ist er der einzige in diesem Farbton. Dunkle Honige sind generell ein Kennzeichen von Honigtauhonig, landläufig auch als „Waldhonig" bekannt. Alle übrigen Honige mit Blütennektar als Trachtquelle weisen eine helle Färbung auf. Buchweizenhonig hat eine mittlere Tendenz zur Kristallisation und wird daher oft cremig gerührt. Sein Geruch ist sehr charakteristisch und leicht zu erkennen: äußerst kräftig und rustikal, an Leder und Stall erinnernd. Am Gaumen ein Eindruck von Frische durch Mentholaromen und ein angenehmes Verhältnis von Zucker und Säure. Der sehr lange Abgang dieses Honigs ist geprägt von animalischen Aromen. Diese werden von manchen überaus geliebt, von anderen als „Schweinestallgeruch" disqualifiziert und abgelehnt.

Buchweizenhonig ist nicht jedermanns Sache: Sein Geruch ist rustikal, erinnert an Leder und Stall.

FAGOPYRUM ESCULENTUM

Hügel

Naturpark Raab

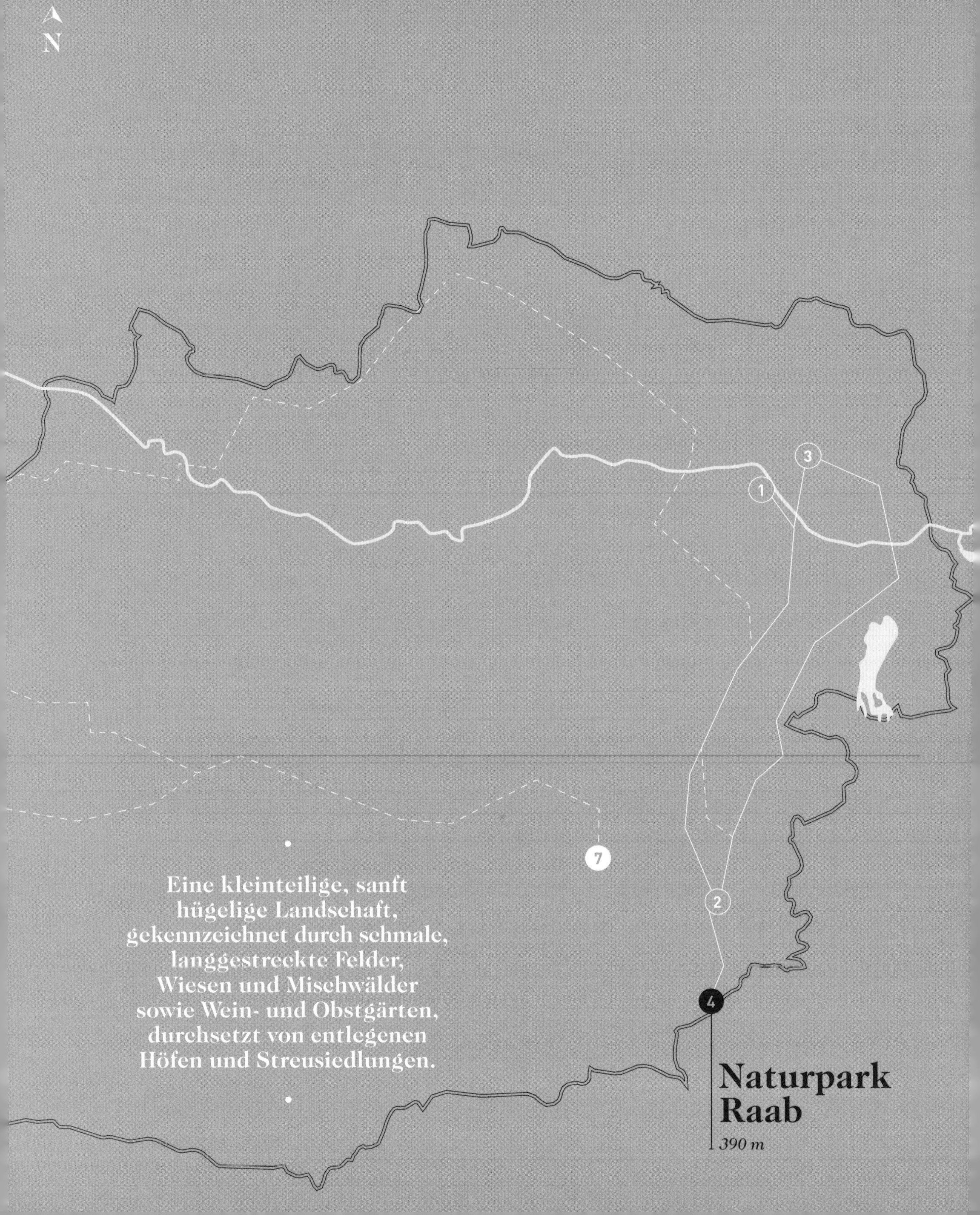

Eine kleinteilige, sanft hügelige Landschaft, gekennzeichnet durch schmale, langgestreckte Felder, Wiesen und Mischwälder sowie Wein- und Obstgärten, durchsetzt von entlegenen Höfen und Streusiedlungen.

Naturpark Raab

390 m

Hügellandschaften des Weinklimas

AM BEISPIEL

NATURPARK RAAB

In Nachbarschaft von Reben gedeihen Pflanzen, die wie die Bienen die Wärme lieben: Vogelkirsche, Edelkastanie, Akazie. Die daraus gewonnenen Honige zählen zu den rarsten und besten des Landes.

Alois Krois

SÜDBURGENLAND

Wie Alois Krois in einer der wärmsten Gegenden Österreichs großartige Honige macht und warum seine Frau partout nicht ins Bild will.

Die Anreise in diese entlegene Gegend ist ein Erlebnis von ständig abnehmender Urbanität: Hat man die Ebene des Lafnitztales durchquert, steigt die Straße ins Hügelland des Naturparks Raab und verbreitert sich vorübergehend zu einer Art Autobahn, ein Eindruck, den der nicht allzu rege Sonntagmorgen-Verkehr noch verstärkt. Erste Goldruten an den Bachrändern künden schon vom nahen Ende des Sommers. Kleine Felder mit Soja, Mais und Ölkürbis, dazwischen Wiesen und Brachland, dichte Laubwälder auf den Hügelkämmen. Die auffällig schmalen Feldstreifen in dieser Gegend sind die Folgen des Erbrechtes, bei dem Generationen von Bauernkindern stets einen gleich großen Anteil an Ackerfläche erhielten. Mit ruinösen Konsequenzen für viele Höfe.

Nach Jennersdorf, das aus der Ferne mehr an Städtischem verspricht, als es hält, erfolgt die Querung des Flusses, der dem Naturpark den Namen verleiht. An dieser Stelle ist die Raab ein unspektakuläres Gewässer, beidseitig gesäumt von schmalem Uferbewuchs. Die Durchfahrt durch das Künstlerdorf Neumarkt an der Raab erinnert an ein Freilichtmuseum: strohgedeckte, pannonische Landhäuser mit weißgetünchten Arkaden. Dann wieder Freiland, Wiesen, Felder, die Straße wird enger, der Mittelstreifen verschwindet. Links am Hügel ein gewaltiger Hotelkomplex, wie eine mittelalterliche Trutzburg. Zwei Schilder: Eines mit der Aufschrift „Spektakulär, unspektakulär" lässt erahnen, was einen in der Umgebung dieses Hotels erwartet. Ein weiteres Schild weist zur nahen ungarischen Grenze und schon ist man am Ziel.

Oberdrosen, ein Ort mit etwa 30 Häusern. Man fühlt sich zurückversetzt in die 80er Jahre des letzten Jahrhunderts. Jahrzehntelang im Schatten des Eisernen Vorhangs und vergessen von der Industrialisierung scheint die Zeit hier stillzustehen. Häuserzeilen auf beiden Seiten des Baches, einige Gebäude mit schmucken Gartenlandschaften, andere leerstehend mit dem Schild „zu verkaufen". Ein Lebensmittelladen und Imbissstand ist zugleich Kultur- und Kommunikationszentrum, das Plakat „Hendlschnapsen" kündet davon. Etwas vom Dorfzentrum entfernt: Höfe in Einzellagen, längst an Städter verkauft, erkennbar an den dicken weißen Bändern, die die Pferdekoppeln umzäunen.

Alois Krois ist Autodidakt. Eine Imkerschule hat er nie von innen gesehen. Dementsprechend reich an Abenteuern waren die Anfänge seiner Imkerei. 1990 hatte ihm ein Bekannter eine Bienenkiste mitsamt seinen Bewohnerinnen geschenkt. Der gelernte Tischler fertigte sogleich mehrere Kopien in Eigenbau an. Dazu kam eine Portion Anfängerglück: Die Völker

des Spenders verendeten allesamt während des darauffolgenden Winters, das Bienenvolk von Alois Krois jedoch überlebte. Sein Wissen hat er sich über Bücher und Selbststudium im Internet angeeignet.

Der Besuch findet an einem Sonntagmorgen statt, Alois Krois ist Schichtarbeiter in einer Fabrik im oststeirischen Fürstenfeld. Nur der Sonntag ist frei, und nur dann, wenn er nicht gerade auf der Pirsch ist. Die Jagdleidenschaft teilt er mit seiner Tochter Marlies. Ein großer Tischherd ist das Herz der Wohnküche und schon auf den ersten Blick ist erkennbar, dass wir uns im Hause eines Jägers befinden. Trophäen an den Wänden und ehe man es sich versieht, steht eine Flasche Bier der Marke „Puntigamer" auf dem Tisch. Die erste gegen neun Uhr zum Frühstück, eine weitere wird dann noch knapp vor Mittag folgen.

Alois Krois, 52 Jahre, eine Erscheinung wie verwachsen mit seiner Heimat. Blonde Locken, ein Baumstamm von einem Mann, eine Seele von einem Menschen mit dem friedfertigen Gemüt seiner Bienen. Wenn er von seinen Pendelfahrten in die Fabrik ins 40 Kilometer entfernte Fürstenfeld erzählt, meint man, es mit täglichen Weltreisen zu tun zu haben. Früher war er Forstarbeiter im Wald des örtlichen Grafen, tagelang allein mit sich und seiner Motorsäge, bis zu dem Tag, an dem der adelige Grundbesitz von einem Industriellen aufgekauft wurde.

Seine Frau Marianne will partout nicht ins Bild, sie hält sich im Hintergrund und werkt am Küchenherd. Doch bei der Gender-Frage, wer macht was, wird es lebhaft in der Küche: Alois: *„Es gibt irrsinnig viel zu putzen in der Imkerei …"* Worauf Marianne prompt unterbricht: *„Er ist der Boss und wie soll man sagen … ich bin das Hirn."* *„Das stimmt!"*, pflichtet Alois rasch bei. Immerhin züchte seine Frau die Königinnen, sie sei es, die das Material vorbereitet und den Honig verarbeitet. Und sie halte auch die Finanzen fest in ihrer Hand, denn das Geld werde ja doch wieder für alle ausgegeben.

Fotos liegen auf dem Küchentisch. Darauf zu sehen ist Gina, das Wildschwein, das Sohn Benny als junges, mutterloses Ferkel eingefangen hatte. Auf einem der Fotos ist auch Alma, die Jagdhündin, zu sehen, wie sie mit Gina durch das Dorf spaziert. Die Hündin hatte das mutterlose Ferkel adoptiert und gemeinsam sind sie dann durch den ganzen Ort gelaufen. Alois Krois erzählt von einem Sonntagmorgen, als ein Bekannter zu Besuch war, der noch nie in seinem Leben ein

Alois Krois ist Autodidakt. Dementsprechend reich an Abenteuern waren die Anfänge seiner Imkerei.

Wildschwein gesehen hatte. In diesem Moment ging die Küchentür auf und Gina, mittlerweile schon eine stattliche Wildsau, spazierte herein, geradewegs auf den Kühlschrank zu. Sie wollte sich, wie gewohnt, ihre Wurst abholen. *„Den Blick des Bekannten hättest du sehen sollen“,* erzählt Alois. *„Große Augen hat der bekommen.“* Alma ist inzwischen verstorben. Aron, ihr Nachfolger, der auf die kleinste Geste seines Herrn reagiert, liegt aufmerksam unter dem Küchentisch, Gina wurde vor ein paar Wochen an ein Freigehege in Slowenien verschenkt.

Die Honige der Bio-Imkerei Krois zählen zu den besten, die man in der Region finden kann: ein Kirschhonig mit dominanter Marzipannote, ein Edelkastanienhonig, rotbraun, elegant, unendlich lang am Gaumen.

Alles andere als rosig sei die wirtschaftliche Situation in seiner Region. Die jungen Leute zögen weg, weil es keine Arbeit gebe. Für Handwerk, wie seinen Lehrberuf Tischlerei, gebe es keine Möglichkeit zu überleben, da slowenische Tischler billiger anbieten würden, als bei ihnen das Material koste. *„Ein heimischer Tischler kommt nur noch ins Dorf, wenn es eine Beerdigung gibt“,* meint Alois lapidar. Und Zuzug gebe es vor allem von Städtern. Mit einigen von ihnen sei er in regem Kontakt, mit anderen sei es schwieriger. Etwa jenem Wiener, der in Zeiten ausgesprochener Trockenheit seinen Pool mit Ortswasser füllte, das er illegal vor dem Wasserzähler abzapfte. Eines Tages stand er wutentbrannt vor der Tür und meinte, die Bienen würden das Wasser aus seinem Pool davontragen. *„Das ganze Dorf lacht heute noch darüber“,* meint Alois schmunzelnd.

Ach ja, wir wollten eigentlich über Honig reden. Denn die Honige der Bio-Imkerei Krois zählen zu den besten, die man in der Region finden kann und österreichweit zu absoluten Raritäten: Ein Kirschhonig mit dominanter Marzipannote, ein Edelkastanienhonig, rotbraun, elegant, unendlich lang am Gaumen. Und natürlich würde Alois es nicht so sagen, er beschreibt seinen Kastanienhonig folgendermaßen: *„Er ist herb, 50 Prozent der Leute mögen das ganz gern, 50 Prozent gar nicht.“* Und Marianne fügt hinzu: *„Die Leute wissen, was sie wollen. Sonst lasse ich sie kosten.“*

Leidenschaftlich wird es auch, wenn Marianne und Alois von ihrem Gemüse erzählen und mit entsprechenden Gesten die Größe ihrer Zucchini und den Umfang ihrer Kürbisse beschreiben. *„Nachts gehen die Nachbarn mit der Taschenlampe spionieren“,* lacht Marianne. Der große Garten, oder eigentlich müsste man ihn bereits als Feld bezeichnen, liegt auf einem länglichen Grundstück, das an zwei Seiten von Wald gesäumt wird. Die Wildschweinherden, die nachts immer wieder aus dem angrenzenden Ungarn kommen, machen viel Schaden, daher wäre eine bessere Umzäunung vonnöten. Ein kurzer Vortrag über Kompostkultur lässt ahnen, wie viel Liebe und Wissen in diesem Gemüse steckt. Zeit bleibt gerade noch für das zweite Puntigamer, das auch hier, obwohl längst nicht mehr in steirischen Gefilden, so etwas wie ein Religionsbekenntnis darstellt. Und so endet unser freundschaftliches Gespräch mit einem „Fair Trade“-Saatguttausch: eine Steige Erdäpfel der Sorte ‚Blaue Schweden‘ gegen ein Sackerl robusten Landknoblauch.

Was macht der Imker mit seinem Honig?

„Kastanienhonig ist herb, 50 Prozent der Leute mögen das ganz gern, 50 Prozent gar nicht."

Sommerlicher Blattsalat mit Edelkastanienhonig

ZUTATEN

gartenfrische Blattsalate nach Saison
1 essreife Avocado
1 kleine Zehe Knoblauch
2 EL Balsamico-Essig
2 EL Kürbiskernöl
Salz
schwarzer Pfeffer, frisch gemahlen
1 TL Edelkastanienhonig

ZUBEREITUNG

Die Blattsalate waschen, Avocado schälen, in Scheiben schneiden und zufügen. Knoblauchzehe zerdrücken. Für die Marinade Essig, Öl, Knoblauch und Salz verrühren und über den Salat gießen. Mit einer Pfeffermühle frischen schwarzen Pfeffer darübermahlen. Gut durchmischen.

Der Edelkastanienhonig bringt Süß- und Bitterkomponenten ins Spiel, die sich wunderbar mit der Säure des Essigs verbinden.

HÜGELLANDSCHAFTEN IM WEINKLIMA

Wissenswertes

WEINKLIMA

Das pannonische Klima, wie es in weiten Teilen der Weinbauregionen Niederösterreich und Burgenland vorherrschend ist, ist besonders günstig für den Weinbau. Seine Kennzeichen sind trockene, heiße Sommer und mäßig kalte und schneearme Winter. Die Niederschläge fallen überwiegend in Form von Sommergewittern. Das warme Klima ermöglicht einen raschen Vegetationsbeginn, die Spätfrostgefahr ist gering. Darauf folgen sonnige und heiße Sommer. Der Herbst verläuft ebenfalls oft sonnig und mild. Die typischen Pflanzen dieses Klimagebietes sind Vogelkirsche, Eiche, Walnuss, Pfirsich, Mandel und Akazie. Die steirischen Weinbaugebiete und Teile des Südburgenlands liegen im Einflussbereich des illyrischen Klimas mit höheren Niederschlägen im Sommer und ähnlich hohen Jahresdurchschnittstemperaturen. In Teilen der West- und Südsteiermark finden sich auch die größten natürlichen Verbreitungsgebiete von Edelkastanie und Linde.

DIALEKT DES SÜDBURGENLANDS

Eine Besonderheit des Südburgenlandes ist der markante Dialekt seiner Bewohner, das sogenannte „Hianzische". Im Vergleich zu anderen bairischen Dialekten gibt es einige auffallende Unterschiede. Markantestes Merkmal ist etwa der ui-Laut, der den ua-Laut des jenseits des Grenzflusses Lafnitz gesprochenen oststeirischen Dialekts ersetzt. Als Beispiel: Der Satz „Die Mutter und der Bub sind bei der Kuh" lautet auf Oststeirisch „Di Muada und da Bua san ba da Kua", die hianzische Variante davon „Di Muida und da Bui san ba da Kui".

NATURPARK RAAB – GEOGRAFIE

Der Naturpark Raab-Örség-Goričko ist der einzige Naturpark Europas, der sich über drei Staaten erstreckt. Der kleinere Teil mit etwa 140 km² liegt im Südburgenland, zwischen der Lafnitz im Norden und der slowenischen Grenze im Süden. Der größte Teil mit einer Fläche von 462 km² liegt in der Region Goričko in Slowenien. Der ungarische Teil mit der Region Örség umfasst 440 km². Der Fluss Raab, der dem österreichischen Teil des Naturparks seinen Namen verleiht, entspringt im Massiv der Teichalm und mündet bei Györ in die Donau.

Honige aus Hügellandschaften

Abgesehen von den auf den folgenden Seiten genannten Haupttrachtpflanzen sammeln die Bienen auch gerne Nektar von Löwenzahn, Obstblüte und Linde sowie Honigtau von den Fichten. Landwirtschaftliche Kulturen wie Raps und Sonnenblume ergänzen den Speiseplan.

GESCHICHTE DES BURGENLANDS

Nach dem Zerfall der Habsburger-Monarchie wurde das Gebiet des Burgenlands im Jahre 1919 im Friedensvertrag von St. Germain Österreich zuerkannt. Im Bundesverfassungsgesetz des Jahres 1921 erfolgte die Anerkennung als eigenständiges Bundesland.

IMKEREI IN HÜGELLANDSCHAFTEN

Die warmen Klimazonen im Osten und Südosten Österreichs sind günstige Überwinterungsstandorte für die Bienen, außerdem ermöglichen diese Gebiete im Durchschnitt der Jahre reiche Honigernten.

P R U N U S   A V I U M

KIRSCHBLÜTE

lat. *Prunus avium*

Die Kirsche, lat. *Prunus avium*, stammt ursprünglich aus Kleinasien und zählt zur Familie der Rosengewächse, *Rosaceae*. Die Bezeichnung „kirahs" für Kirsche ist persischen Ursprungs. Der zweite lateinische Namensteil „avium" leitet sich von lat. avis für Vogel ab und bezieht sich auf die Früchte, die von Vögeln sehr geschätzt werden. Von der Vogelkirsche, der Wildform der Kirsche, gibt es zahlreiche Zuchtformen, die sich durch größere und süßere Früchte auszeichnen und von den Bienen ebenfalls sehr stark besucht werden. Erste Anpflanzungen von Kirschen in Griechenland sind bereits im 6. Jahrhundert v. Chr. dokumentiert. Die Vogelkirsche ist heute in ganz Europa verbreitet und kann selbst noch in Westsibirien angetroffen werden. Häufig wächst die Vogelkirsche in Gemeinschaft mit Hainbuchen und Eichen in den heimischen Wäldern bis in einer Seehöhe von 1500 Metern. Sie kann sich über von Vögeln vertragene Kerne oder auch vegetativ durch Wurzelsprosse vermehren und dann kleinräumig starke Bestände bilden, die dann für die Imkerei besonders interessant sind. Dies ist etwa in Deutschland im Raum Kassel der Fall oder im Südburgenland in Grenznähe zu Ungarn im Bereich des Naturparks Raab. Große Süßkirschen-Plantagen finden sich im Süden Sloweniens im Görzer Hügelland sowie in Apulien rund um die Stadt Bari. Begehrt ist die Kirsche auch wegen ihres wertvollen Holzes, das zum Bau von Musikinstrumenten verwendet wird.

Bienenwirtschaftlich von Bedeutung ist noch eine weitere, mit der Vogelkirsche verwandte Art, nämlich *Prunus mahaleb*, die Steinweichsel, die im Karstgebiet von Triest als Nektarquelle für ausgezeichnete und sehr rare Honige gilt. Die Steinweichsel kommt auch in Österreich, in der Region um Baden bei Wien, vor.

Auf einzelnen freistehenden Kirschbäumen sind bis zu eine Million Blüten gezählt worden. Diese duften intensiv und sind, insbesondere wenn sie an Waldrändern oder in Hecken stehen, schon von weitem sichtbar. Die Nektarproduktion kann bis zu 1,5 Milligramm pro Tag und Blüte betragen. Der Nektar gilt als sehr zuckerreich. Häufig werden Bienen auch zur Bestäubung von Süßkirschen-Plantagen eingesetzt, da von Bienen bestäubte Plantagen größere Früchte mit höheren Erträgen liefern. Die Bienen finden in den Kirschblüten neben reichlich Blütennektar auch viel Pollen. Der Pollen hat eine grünliche Färbung und schmeckt bitter-mandelig. Da die Vollblüte der Kirsche im gemäßigt-warmen Klima meist bereits im April einsetzt, ist dies das Signal zu einem großen Entwicklungsschub im Bienenvolk. Die Königin legt dann Eier in großer Zahl, der Wabenbau wird von den Bienen stark erweitert und der Imker nützt die Zeit, um das Volumen des Bienenstockes zu erweitern, um so dem erhöhten Platzbedarf der Bienen gerecht zu werden.

Der Geschmack von Kirschblütenhonig ist prägnant, sehr süß und erinnert an Marzipan und Weichselmarmelade.

Kirschblütenhonig

Kirschblütenhonige in reiner Form sind äußerst rar und dies hat mehrere Gründe. Einerseits sind sie häufig Teil von Frühlingsblütenhonigen, d. h. der Nektar wird von den Bienen gemeinsam mit Steinobst- oder Löwenzahnblüten in den Waben eingelagert. Bienen sind zwar „blütenstet", d. h. eine einzelne Biene fliegt so lange auf eine Blütenart, bis in dieser die Nektarabsonderung versiegt. Allerdings befliegen verschiedene Bienen bei gleichzeitiger Blüte auch verschiedene Pflanzen. Andererseits ist, bedingt durch die frühe Blüte der Vogelkirsche, aufgrund tiefer Nachttemperaturen die Nektarproduktion der Blüten gering oder tagsüber wegen schlechter Witterung oft kein Bienenflug möglich. Außerdem benötigt die Honigbiene in dieser frühen Phase ihrer Jahresentwicklung einen Großteil des Honigs selbst und eine zu starke Entnahme durch den Imker würde das Volk sehr schwächen.

Kirschblütenhonig ist hellbernsteinfarben mit leichtem Orangestich und meist trüb. Sobald der Honig kristallisiert, bleicht er aus und erhält einen Graustich. Die natürliche Kristallisation erfolgt rasch und sehr feinkörnig. Meist wird Kirschblütenhonig daher cremig gerührt. Honige von der Steinweichsel, lat. Prunus mahaleb, aus dem Triestiner Karst, auch bekannt unter dem Namen „miele di marasca", gelangen häufig flüssig in den Verkauf, kristallisieren allerdings in der Folge bald. Der nicht sehr intensive, zartmandelige Duft der Kirschblüte und vor allem des Kerns findet sich auch im Geruch des Honigs wieder und macht ihn leicht erkennbar. Der Geschmack ist prägnant, sehr süß und erinnert an Marzipan und Weichselmarmelade, er ist jedoch nicht sehr nachhaltig.

AKAZIE

lat. *Robinia pseudoacacia*

Die Robinie, volkstümlich auch Akazie genannt, lat. *Robinia pseudoacacia,* zählt zur Familie der Hülsenfrüchtler, *Fabaceae*. Akazienbäume in Vollblüte sind als riesiger weißer Blütenball von weitem gut erkennbar. In der Nähe betört ein rauschartiger Blütenduft: Der mythische Duft von Ambrosia.

Die Robinie war im Miozän bereits auf dem europäischen Kontinent verbreitet, verschwand aber im Laufe der letzten Eiszeit. Die Robinie stammt aus dem östlichen Nordamerika und wurde 1630 von Jean Robin, dem Hofgärtner von Versailles, nach Paris gebracht. Nach ihm wurde die neue Zierpflanze benannt. Von den insgesamt zehn in Amerika heimischen Robinienarten hat sich allerdings nur eine einzige, nämlich *Robinia pseudoacacia* bei uns einbürgern können. Sie wurde ursprünglich als Zierpflanze in Gärten gepflanzt, dann als Alleebaum an Landstraßen, Fluss- und Bahndämmen verwendet und hat sich schließlich von selbst weiter verbreitet. Sie gilt als Pionierpflanze, die nach Sturm, Brand sowie Erdrutschen den Wald rasch regeneriert und später von anderen, stärker beschattenden Laubbaumarten abgelöst wird. In ihrer Heimat Nordamerika beträgt der Robinienanteil in naturbelassenen Wäldern maximal vier Prozent. Die Robinie ist heute in ganz Europa verbreitet und einzelne Exemplare finden sich selbst noch in England und Südschweden. In den Weinklimagebieten Frankreichs und Norditaliens, in den Südalpentälern sowie in Ungarn und den Balkanländern bildet sie große Bestände. Sie gedeiht gut auf trockenen Standorten, ist unempfindlich gegen Hitze und Luftverschmutzung. Sie ist aus diesem Grund auch ein optimaler Stadtbaum. Eine massenhafte Verbreitung fand auf den Trümmerfeldern des zweiten Weltkriegs statt. Die Robinie ist ein etwa 20 Meter hoher Baum mit weitreichenden Seitenwurzeln, die leicht Ausläufer bilden können. Als Schmetterlingsblütler leben ihre Wurzeln in Symbiose mit Knöllchenbakterien und reichern den Boden mit Stickstoff an. Die Nebenblätter haben sich zu Dornen entwickelt. Die Blüte hat einen komplizierten Bestäubungsmechanismus: Der Griffel der Robinienblüte hat unterhalb der Narbe eine allseitige, bürstenartige Behaarung, welche den eigenen Pollen von der Narbe fernhalten. Landet das Insekt auf der Blüte, klappt das Schiffchen mit den Flügeln herunter, der Griffel tritt hervor und berührt zuerst mit der Narbe und anschließend mit der mit eigenem Pollen gefüllten Bürste den Körper des Bestäubers. Der Nektar wird auf der ganzen Fläche des Blütenbodens abgesondert und ist für die Insekten leicht zugänglich. Robinienblüten sondern große Mengen an Blütennektar ab. Der Honigwert eines Akazienbaums wird auf 500 Gramm pro Baum geschätzt.

Als Pollenspender ist die Robinie von geringer Bedeutung, der Pollen wird von den Bienen in kleinen hellgrauen Höschen gesammelt und besitzt einen geringen Eiweißgehalt. Die Blühperiode beginnt meist Mitte April und dauert etwa zwei Wochen. Bei hohen Temperaturen kann sie auch kürzer sein.

Die Robinie, volkstümlich auch Akazie genannt, ist in Vollblüte als riesiger weißer Blütenball von weitem gut erkennbar.

Bienenwirtschaftlich ist die Robinie von größter Bedeutung. In Brandenburg etwa beträgt der Anteil von Akazienhonig an der Gesamthonigernte 60 Prozent.

Akazienholz ist zäh, hart und widerstandsfähig gegen Fäulnis. Es wird für Baumpfähle, Zäune und als Grubenholz im Bergbau benutzt. Früher wurden auch Schwellen für Eisenbahngeleise und Schiffe gefertigt. Akazienholz ist dauerhafter als Eichenholz und erzeugt mehr Holzmasse pro Hektar als Eiche oder Kiefer. Das harte Holz ist auch ein hochwertiges Brennholz und hat bei guter Trocknung die gleiche Hitzeleistung wie Steinkohle. Es verbrennt sauber und mit geringen Rückständen. Die Hülsen der Robinie sind, wie die ganze Pflanze, im Rohzustand giftig, da sie Toxalbumine und Glykoside enthalten.

Akazienhonig

Eine Besonderheit dieses stets flüssigen Honigs ist seine Farbe, die bei Reinsortigkeit, in Richtung kristallklarer Transparenz geht. Akazienhonig ist hellgelb, im Extremfall nahezu wasserfarben mit leichtem Grünstich. Der Geruch ist fein, sehr angenehm und nicht sehr intensiv: Duft von Blumen, Mandeln in Zuckerglasur, Vanilleschoten. Der Geschmack ist zart, süß und anregend und entspricht dem Geruch, am Gaumen seidig-weich. Im Abgang eine zarte Note von Muskatnuss, Vanille und Zimt. Akazienhonig hinterlässt kaum Nachgeschmack am Gaumen und gilt als sehr pollenarm.

Aufgrund des zarten Aromas sind Honigfehler, z. B. säuerliche Fehltöne, die etwa bei Verwendung von zu altem Bienenwachs auftreten, leicht im Honig erkennbar. Völlig neues Bienenwachs verleiht dem Honig einen zarten Wachsgeschmack, der sich allerdings recht bald verliert. Ein weiterer Honigfehler, der in Akazienhonig leicht festgestellt werden kann, ist ein „Kellerton". Er wird durch hohe Luftfeuchtigkeit in den Verarbeitungsräumen verursacht, weil Honig Fremdgerüche aus der Umgebung stark absorbiert. Gelegentlich gelangen auch Reste von Nektar von knapp davor blühendem Raps oder Löwenzahn in Akazienhonig und verleihen ihm ein trübes Erscheinungsbild. Akazienhonig hat von allen Honigen den höchsten Anteil an Fructose und neigt dadurch auch nicht zur Kristallisation. Fructose kann direkt in das menschliche Blut aufgenommen werden. Dies ist der Grund, warum dieser Honig bei Leistungssportlern als legales „Energiedoping" beliebt ist.

Aufgrund der flüssigen Konsistenz ist Akazienhonig sehr beliebt für Fruchtsalate, Müsli und Obsttorten. Die ausgeprägte Süße dieses Honigs eignet sich zum Ausgleich von Säure in Saucen.

Akazienhonig ist fast durchsichtig, sein Geruch fein, sehr angenehm und nicht besonders intensiv.

CASTANEA SATIVA

EDELKASTANIE

lat. *Castanea sativa*

Die Edelkastanie, lat. *Castanea sativa,* gehört zur Familie der Buchengewächse, *Fagaceae.* Blühende Edelkastanienbäume verströmen einen streng-bitteren Duft, der sich auch im Honig wiederfindet. Sie sind durch die auffälligen, bis zu 20 Zentimeter langen, leuchtenden Blütenstände schon von weitem leicht erkennbar. Kastanien sind wärmeliebend und benötigen tiefgründige Böden. Sie überstehen Trockenperioden sehr gut, da sie sehr tiefreichende Wurzeln haben. Edelkastanien wachsen bevorzugt an sandigen Standorten und vertragen strenge Winterfröste schlecht. Abgestorbene Bäume treiben häufig erneut aus. Leider sind die heimischen Bestände schon seit Jahren durch Pilze bedroht, die in die Rinde eindringen und eine krebsartige Wucherung verursachen. Edelkastanien können bis zu 30 Meter hoch werden und ein Alter von mehreren hundert Jahren erreichen. Die Blühfähigkeit setzt etwa ab dem 20. Jahr ein. Die Blätter sind länglich und scharf gezahnt. Die stärkereichen Früchte werden von einer stacheligen Hülle umschlossen, die im Herbst aufspringt und die Maroni freigibt.

Die Nektarabsonderung ist reichlich und wirkt sehr anziehend auf Honigbienen und andere Insekten. Die Edelkastanie ist einhäusig, d. h. männliche und weibliche Blüten sind auf der gleichen Pflanze. Größere Naturbestände kommen vor allem in den Ländern Südeuropas und in den Südalpentälern vor, in Österreich im west- und südsteirischen Hügelland. Ursprünglich von den Römern gebracht, ist die Edelkastanie auch in den Tälern Südtirols, bis zu einer Höhenlage von 900 Metern, verbreitet. Bedeutend ist die Edelkastanie auch als Pollenlieferant.

Sie zählt in Südeuropa zu den wichtigsten Pollenquellen der Bienen. Die Farbe der Kastanienpollen ist gelbgrün und der Stickstoffanteil mit 4,27 Prozent sehr hoch.

Edelkastanienhonig

Gleich wie bei Lindenhonig sind die Quellen des Edelkastanienhonigs sowohl der Blütennektar als auch der Honigtau der Pflanze. Edelkastanienhonig hat eine karneolrote Farbtönung. Aufgrund des hohen Gehalts an Fructose bleibt er lange flüssig, mit der Tendenz zu langsamer und grobkörniger Kristallisation. Je dunkler der Honig ist, desto höher ist sein Anteil an Honigtau. Der Geruch ist sehr intensiv und anhaltend und kaum mit anderen Sorten zu verwechseln. Er erinnert an verbranntes, nasses Holz, an nassen Tabak und Gerbstoff. Am Gaumen zeigt Edelkastanienhonig seine ganze Komplexität: Bittertöne, feuchtes Eichenholz, Leder. Der Honig ist verhalten süß, Säurenoten sind kaum wahrnehmbar. Im Finale ein sehr langer Abgang mit bleibendem Eindruck von Tannin.

Moor

Haslauer Moor

Das Waldviertel: sanfte Hügelkuppen, dunkle Wälder, Mulden, Rinnen, freiliegende Steingebilde – eine Landschaft geformt von Wind, Regen und Frost.

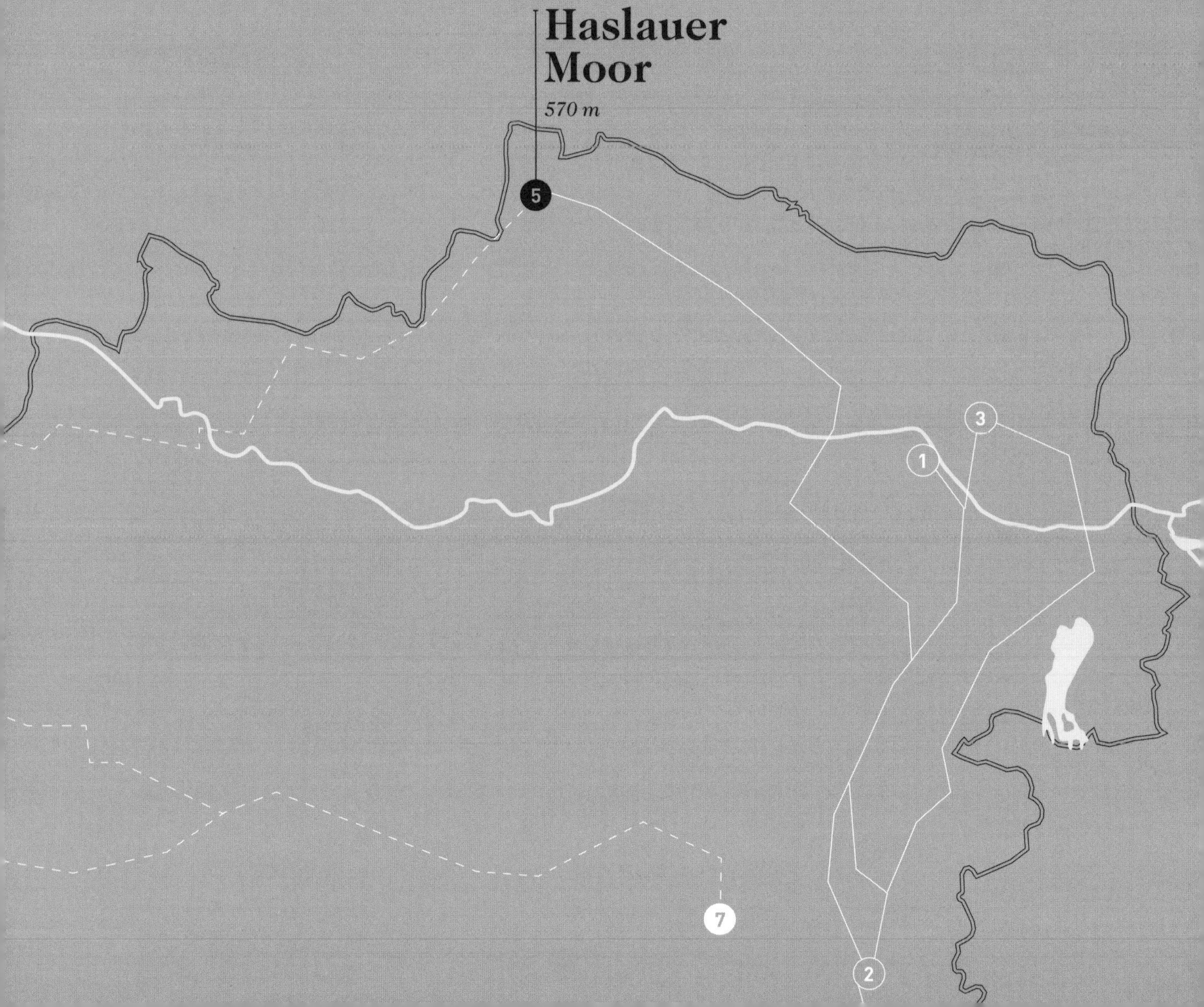

Moorlandschaften des Waldviertels

AM BEISPIEL

HASLAUER MOOR

Bei Moorlandschaften würde man nicht gleich an Honig denken. Und doch finden Bienen während der Sommermonate in den Hochmooren des Waldviertels einen reich gedeckten Tisch und erzeugen einen Honig, dessen Würze ihresgleichen sucht.

Christian Boigenzahn

WALDVIERTEL

Wie Christian Boigenzahn das tut, was bereits sein Urgroßvater getan hat: mit Ruhe und Gelassenheit imkern.

Waldstücke und Lichtungen, die den Blick auf weites Land freigeben: Nach zwei Stunden Fahrzeit von Wien in Richtung Nordwesten erreicht man Amaliendorf. Ein Dorf am Rande des Moores, ein Ort an der Grenze, eine Siedlung fast am Ende der Welt – vorausgesetzt man rückt Wien in ihr Zentrum. Christian Boigenzahn strahlt die Ruhe und Energie von jemandem aus, der sich eine Zeitlang durch die Welt geschlagen hat und nun zurückgekommen ist, um sich in seiner Erde zu verankern. Er sitzt vor seinem Kachelofen, zwischen vielen Pflanzen, die von der Galerie herunterranken, umgeben von den kleinen Türen und dicken Mauern seines alten Gehöftes. Und während sich der Besucher noch verwundert umsieht, steht bereits ein herrlich duftender Zwetschgenkuchen auf dem Tisch.

Boigenzahn ist Imker in vierter Generation, schon die Bienen seines Urgroßvaters sind ins nahegelegene Moor geflogen. Von der Tätigkeit seiner Ahnen erzählt die alte Bienenhütte im Garten. Sein gesamtes Arbeitsleben war und ist eng mit Bienen verbunden. Nach abgeschlossenem Studium an der Universität für Bodenkultur mit Diplomarbeit über die Bienenkrankheit Nosema arbeitete er als freier Mitarbeiter am Institut für Bienenkunde in Lunz am See. Seit 2007 ist er Geschäftsführer der „Biene Österreich“ und damit der wichtigste Interessenvertreter für seine 25.000 Imkerkollegen. Seine Berufsbeschreibung: *„Meine 40 Bienenvölker sind Hobby und Leidenschaft zugleich. Zweimal die Woche fahre ich zu meiner hauptberuflichen Tätigkeit nach Wien. Den Rest erledige ich mit Teleworking.“* In seiner Region hat das Pendeln eine lange Tradition.

Der Chronik von Amaliendorf ist zu entnehmen, dass die Namenspatronin, Erzherzogin Amalie von Österreich, eine Tochter Maria Theresias, im Jahre 1799 Waldgrund von der Herrschaft Schwarzenau mit der Auflage verkaufte, binnen drei Jahren darauf zu bauen. Amaliendorf, mit 165 Häusern bald eine der größten Siedlungen des Waldviertels, war entstanden. Um 1880 galt der Ort als einer der ärmsten in Niederösterreich. Viele Kleinhäusler besaßen nicht mehr als eine Kuh, ein Schwein, einige Hühner und einen Acker. Der Wald bot eine wichtige Überlebenshilfe für die Bevölkerung. Holz klauben, Pilze sammeln, Beeren pflücken. Die Männer gingen als Taglöhner zu den größeren Bauern, sie lernten Besen binden und Körbe flechten. Sie fertigten auch Holzschuhe und gingen in das an Amaliendorf angrenzende Haslauer Moor, um Torf zu stechen. Dieser wurde dann getrocknet und im Winter als Brennmaterial verheizt. Eine Familie brauchte für den langen Winter 10.000 bis 15.000 Stück Torf. Viele

Bienentränke

Männer arbeiteten schon damals im Sommer als Maurer, Gärtner oder Hilfsarbeiter in Wien.

„Das Land ist hart für die Bauern“, erzählt Boigenzahn, *„vor 200 Jahren hat jeder Siedler drei Joch Land erhalten und heute weiß keiner mehr, was er mit diesem Land anfangen soll. Landwirtschaft gibt es hier so gut wie keine mehr. Zu karg ist der Boden.“* Und weiter: *„Aber das Land ist gut zu den Bienen.“* Denn hier gibt es große Flächen mit naturnaher Vegetation, keine industrielle Landwirtschaft und keine Spritzmittel. Naheliegend also, dass Christian Boigenzahn seine Imkerei im Jahre 2005 bio-zertifizieren ließ. Worum geht es eigentlich bei der Bio-Zertifizierung und unterscheiden Bienen zwischen Bio-Blüten und konventionellen? Das sind Fragen, die ihm häufig gestellt werden. Wachsanalysen auf Rückstandsfreiheit sind eine Sache, biologische Methoden bei der Bekämpfung der gefürchteten Varroamilbe eine andere. Und dass seine Bienen in dieser privilegierten Umwelt maximale Natur vorfinden, erklärt sich von selbst. Bezüglich persönlicher Honigvorlieben gibt sich Boigenzahn diplomatisch: *„Wenn*

„Der Boden ist sehr karg hier. Aber das Land ist gut zu den Bienen.“

Honig reif geerntet wurde, dann ist jede Sorte in Ordnung." Doch was genau ist Moorhonig? „*Moorhonig ist herber. Fast wie Waldhonig. Aber eben doch nicht ganz. Moorhonig hat ein sehr eigenes Aroma. Man schmeckt ihn unter anderen sofort heraus*", erklärt der Imker. Enthalten im Honig sei der Nektar aus natürlich vorkommenden Pflanzen des Moores, wie Faulbaum, Weiden, Disteln, Moor-, Moos- und Himbeeren. Frühlingsblütenhonig gäbe es kaum, da der Frühling in diesen Teilen des Waldviertels erst Mitte Mai beginne. „*Man kann sich im Süden gar nicht vorstellen, wie es hier bei uns im Norden zugeht*", meint der 54-Jährige schmunzelnd und deutet auf den Zwetschgenkuchen. „*Die Zwetschgen sind ganz frisch, gerade reif geworden – und das Mitte September!*" Kein Wunder also, dass Boigenzahn sich hier in Amaliendorf einen Kachelofen zugelegt und seinen Lieblingsplatz genau davor eingerichtet hat.

Eine der Aufgaben von „*Biene Österreich*" ist die Förderung des Imker-Nachwuchses. „*Jungimker sind Leute, die gerade mit Bienen beginnen. Drei Bienenstöcke muss man sich zulegen und einen Kurs besuchen, dann stehen die Voraussetzungen für eine Förderung gut*", erklärt Boigenzahn. Wobei die Imkerschulen gerade völlig überlaufen seien,

Christian Boigenzahn strahlt eine Ruhe und Ausgeglichenheit aus, die vielen Imkern eigen ist.

weil sich immer mehr Menschen für die Imkerei interessieren. *„Seit drei Jahren geht es rund in den Schulen. Imkern liegt im Trend, vor allem in den Stadtgebieten. Hoffentlich hält das an, das wäre wünschenswert“*, so der erfahrene Imker. Die freie Zeiteinteilung und das Leben im Einklang mit der Natur sei etwas, wonach immer mehr Menschen suchen. *„Die Leute kommen aus allen Bereichen. Letztens hatte ich Gespräche mit einem Piloten, der nach Jahrzehnten des Fliegens einfach umsattelt und die Wolken wieder von unten sehen will. Genauso wie ein erfolgreicher Werbemanager. Beide machen jetzt Honig im Raum Wien“*, so Boigenzahn.

Das Bild des klassischen Imkers, Männer, die sich nach der Pensionierung noch einmal in einen Imkerkurs setzen – schräge Typen mit Hut und Pfeiferl –, sei ein überholtes Klischee, so Boigenzahn. *„Heute sind mehr als die Hälfte der Kursteilnehmer weiblich. Und viele junge Leute sind dabei, die einfach wissen wollen, wo ihr Honig herkommt und wie er entsteht. Wobei die meisten Hobbyimker bleiben“*, sagt er. Von der Imkerei leben könne man erst ab einigen hundert Völkern. Das sei dann kein Honigschlecken mehr. *„Wer das will, muss ein Spitzensportler sein.“* Wenn man bedenkt, dass ein Bienenstock im Schnitt 30 Kilogramm Honig gibt, dann stehen im Hobbybereich mit 40 Völkern, wie bei Boigenzahn, schon genügend Handgriffe an. *„Früher hatte ich einmal 80, aber das war mir zu viel. Schließlich lebe ich nicht davon.“* Und doch sei seine eigene Erfahrung mit Bienen unabdinglich für seine Tätigkeit als Interessenvertreter. *„Jemand, der nichts vom Imkern versteht, der wäre hier fehl am Platz. Viel zu viel könnte man ihm erzählen.“*

„Interessenvertretung ist, denke ich, in jedem Bereich nicht ganz leicht. Wenn alles in Ordnung ist, gibt's nicht viel zu tun. Erst wenn es kriselt“, sagt Boigenzahn. Und Spannungsfelder gäbe es genug. Zwischen Nebenerwerbsimkern und solchen im Vollerwerb, zwischen Imkerei und Landwirtschaft und vieles mehr. *„Leben und leben lassen“*, Schillers Wallensteinzitat steht als Motto über seiner agrarpolitischen Arbeit. *„Unsere Situation hat sich in den letzten Jahren sehr verbessert. Die Biene ist eine emotionale Angelegenheit. Und sie ist ins öffentliche Interesse gerückt. Das erleichtert uns die Arbeit sehr.“* Ein besonderes Anliegen seien ihm auch die Wildbienen mit ihren fast 700 Arten. *„Die nehmen wir mit in unserer Interessenvertretung und platzieren sie irgendwo zwischen Lebensraumverlust, Monokulturen und Spritzmitteldiskussion. Die haben sonst keine Fürsprecher.“* Und wie heiße es so schön im Ministerium: *„Je kleiner die Viecher, umso mehr streiten die Leut.“*

Doch Christian Boigenzahn nimmt es gelassen. Entspannt lehnt er an seinem Kachelofen, der Zwetschgenkuchen wird weniger, der weiße Kater streicht noch immer hoffnungsfroh um die Beine. Eile und Stress scheint es hier nicht zu geben. Womit er sich in das Bild aller Imker einreiht, die, jeder auf seine eigene Art und Weise, eine Ruhe und Ausgeglichenheit ausstrahlen, die ansteckt. Und er sagt Sätze, die alle Imker sagen wie: *„Ganz ohne Bienen könnte ich nicht leben.“* Und *„Mit Bienen erlebt man die Jahreszeiten intensiver.“* Auch wenn es natürlich Zeiten gebe, in denen es

„Imkern liegt im Trend, vor allem in den Stadtgebieten. Hoffentlich hält das an, das wäre wünschenswert.“

„Ganz ohne Bienen könnte ich nicht leben."

auch einmal weniger Spaß mache. *„Ich liebe Mountainbiken. Ich fahre gerne herum, Mandelstein, Nebelstein, Touren mit 1000 Höhenmetern oder 80 Kilometer ins Kamptal runter. Da ist es schon manchmal schwierig, wenn sich eine Tour mit Freunden nicht ausgeht, weil ich zu den Bienen muss."*

„So ein Jahr wie heuer haben wir noch nie gehabt. Nicht einmal die ältesten Imker, die ich kenne, können sich an so ein Jahr erinnern. Ich habe schon gar nicht mehr gewusst, wohin mit dem ganzen Honig", lacht Boigenzahn. *„Eine satte Entschädigung für die versäumten Fahrradtouren!"* Seinen Honig verkauft er seit 15 Jahren unter der Marke *„Moorhonig"*. Schließlich wohne er hier in der Moorgasse und das sei kein Fantasiename, denn direkt hinter dem Haus beginnt das Moor.

„So ein Jahr wie heuer haben wir noch nie gehabt. Nicht einmal die ältesten Imker, die ich kenne, können sich an so ein Jahr erinnern. Ich habe schon gar nicht mehr gewusst, wohin mit dem ganzen Honig."

Was macht der Imker mit seinem Honig?

Waldviertler Mohnzelten

ZUTATEN

150 g Butter (zerlassen)
500 g Mohn (gemahlen)
200 g Staubzucker
3 EL Moorhonig
1 Pkg. Vanillezucker
Zimt
Rum
Milch

1 Pkg. Backpulver
500 g Mehl (glatt)
350 g Erdäpfel (geschält, gekocht und passiert)
130 g Staubzucker
130 g Butter (zerlassen)
2–3 EL Schlagobers
2 Eier
etwas Butter

Staubzucker zum Bestreuen

ZUBEREITUNG

Für die Waldviertler Mohnzelten erst die Mohnfülle zubereiten.
Für die Mohnfülle Butter zerlassen. Mohn, Staubzucker, Honig, Vanillezucker, Zimt, Rum und etwas Milch dazugeben und zu einer weichen Fülle verarbeiten. Aus der Fülle kleine Knödel formen.
Für den Teig das mit Backpulver vermischte Mehl, Erdäpfel und Staubzucker in eine Rührschüssel geben.
Mit der zerlassenen Butter, Obers und den Eiern zu einem Teig verkneten. In Stücke teilen, mit Mohnknödel füllen, flach andrücken.
Auf ein eingefettetes Backblech legen und im Rohr bei 200 °C ca. 20 Minuten backen. Nach der Halbzeit wenden.
Am Schluss noch mit Staubzucker bestreuen.

Der Moorhonig eignet sich wesentlich besser zum Süßen als Zucker und verleiht den Mohnzelten zusätzlich eine einzigartige Würze. Außerdem bleiben Mohnzelten mit Honig länger saftig.

MOORLANDSCHAFTEN

Wissenswertes

MOORE DEFINITION

Moore sind Feuchtgebiete mit einer unterschiedlich dicken Torfschicht. Torf besteht überwiegend aus abgestorbenen Pflanzen, die an Ort und Stelle liegen bleiben und aufgrund von fehlendem Sauerstoff nicht abgebaut werden können. Moore stehen im Gegensatz zu Sümpfen, die gelegentlich austrocknen, ständig unter Wasser und unterscheiden sich von Auwäldern, die nur bei Hochwasser überflutet werden. Durch die Anhäufung von organischem Material wächst der Torfhorizont langsam in die Höhe.

TORF DEFINITION

Torf ist ein organisches Sediment, das aus einer Ansammlung von nicht oder unvollständig zersetzter pflanzlicher Substanz in Mooren entsteht. In getrocknetem Zustand ist Torf brennbar und wird als Heizmaterial verwendet. Torf bildet die erste Stufe der Verkohlung. Dabei wird im Laufe von Jahrmillionen frisches Pflanzenmaterial zu Torf und weiter zu Kohle und Graphit umgebaut. Der Wasseranteil nimmt dabei ab, der Kohlenstoffanteil zu. Er beträgt bei reinem Graphit 100 Prozent.

WALDVIERTEL – GEOLOGIE

Zusammen mit dem geologisch eng verwandten Mühlviertel zählt das Waldviertel zum Österreichischen Granit- und Gneishochland. Während der variszischen Gebirgsbildung vor 350 Millionen Jahren entstand hier ein Hochgebirge, das etwa so hoch war wie heute die Alpen. Im Laufe von Millionen Jahren wurde es durch Erosion abgetragen. Geologisch gesehen ist das Hochland des Waldviertels somit wesentlich älter als die Alpen. Das Fundament dieses Gebietes besteht aus kristallinem Gestein, vor allem Granit. Dieses Fundament entstand nach Ende der Gebirgsbildung in einer Tiefe von zehn bis zwölf Kilometern. Weiters kommen Gneise und Schiefer vor, Gesteine, die durch hohen Druck und hohe Temperaturen entstanden sind.

Honige aus Moorlandschaften

Neben den auf Seite 171 genannten Haupttrachtpflanzen sammeln die Bienen in Moorgebieten gerne Nektar von Sumpfkratzdistel, Sumpfkreuzkraut, Wasserknöterich, Wasserminze, Moos- und Moorbeere, Sumpfplatterbse, Wasserschwertlilie, Goldrute, Sumpf-Vergissmeinnicht, Weiderich sowie Moorheide und -klee. Weiters für Moorhonig typisch ist immer ein gewisser Anteil von Honigtau der Fichte. Als reine Pollenspender sind Mädesüß und Seggen von Bedeutung.

MOORE IN ÖSTERREICH

Die Moorfläche in Österreich beträgt mit etwa 25.000 Hektar 0,32 Prozent der Landesfläche. Es gibt eine Vielfalt an Moortypen. Grundsätzlich wird unterschieden zwischen Hochmooren, die sich aus Niederschlägen speisen, und Niedermooren, die ihre Feuchtigkeit aus dem Grundwasser beziehen. Insgesamt sind in Österreich rund 1500 Moore und Moorkomplexe bekannt. Sie werden vier Moorregionen zugeordnet: das österreichische Granit- und Gneishochland des Wald- und Mühlviertels mit kühl-feuchtem Klima, flachen Geländeformen und undurchdringlichen Verwitterungsdecken; weiters das Alpenvorland, wo Gletscher Wannen und Rinnen schufen, die mit Ton, Mergel oder Sand aus dem Tertiär bedeckt sind, hohe Jahresniederschläge begünstigen hier die Bildung von Hochmooren; dann die Alpen, die vor allem am Nordrand durch hohe Niederschläge zur Bildung von Mooren beitragen; und zuletzt die außeralpinen Becken im trocken-sommerwarmen Osten Österreichs, diese sind vorwiegend grundwassergespeiste Niedermoore, wie etwa der Schilfgürtel Neusiedler See-Seewinkel.

WACKELSTEINE

Typisch für die Landschaft des Waldviertels sind freiliegende Steingebilde, die der physikalischen Verwitterung widerstehen. Durch Erosion des Deckmaterials gelangten sie nach und nach an die Oberfläche.

DAS WALDVIERTEL – KLIMA

Das Waldviertel ist mit äußerst niedrigen Temperaturen von bis zu –35 Grad im Winter häufig der Kältepol Österreichs. Dies ist auf die zahlreichen Geländemulden zurückzuführen, in denen sich Kälteseen bilden, aus denen die Kaltluft nicht abfließen kann. Weiters führt häufiger Nordwestwind zu einer Absenkung der Temperatur und zur Austrocknung des Bodens. Das Waldviertel liegt im pannonisch beeinflussten Teil der Böhmischen Masse mit längeren Trockenperioden und kurzen, intensiven Niederschlägen. Teile des Waldviertels zählen zu den trockensten Gebieten Österreichs. Dennoch übersteigt die Summe der Niederschläge die Menge an Wasser, die durch Verdunstung verlorengeht, was die Grundvoraussetzung für die Bildung von Hochmooren ist.

HASLAUER MOOR – VEGETATION

Das Haslauer Moor ist ein Hochmoor, das nur von Regenwasser gespeist wird. Es gilt als sauer und nährstoffarm. Die gesamte Ausdehnung beträgt 30 Hektar. Torfmoosarten, die über den Wasserspiegel hinauswachsen, entwickeln beachtliche Wasserspeicherkapazitäten. Die Moose nehmen die vom Regen eingebrachten Nährstoffe auf und tauschen diese gegen Wasserstoffionen aus, was zu einem Absinken des pH-Wertes und somit zu Lebensbedingungen führt, die nur sehr wenige Pflanzenarten vertragen. Hochmoore sind somit durch extreme Artenarmut und spezifische Arten geprägt. Sie sind Rückzugsgebiete dieser Flora. Der Baumbewuchs des Hauslauer Moores, dessen Entstehung häufig auf menschliche Einflüsse wie Entwässerung und Torfentnahme zurückzuführen ist, setzt sich aus kleinwüchsigen Moorbirken, Fichten und Kiefern zusammen. Die ursprüngliche Ausdehnung des Moores betrug 120 Hektar. Davon sind heute nur noch 30 Hektar als intaktes Hochmoor vorhanden. Aus dem ursprünglich geschlossenen Hochmoor entstand ein Mosaik aus offenen Wasserflächen, baumfreien Übergangsmooren und trockenen Standorten mit reich strukturierten Lebensräumen für Fauna und Flora.

HASLAUER MOOR – LAGE

Das Haslauer Moor ist Teil der Waldviertler Moorlandschaften, die alle im Einzugsgebiet des Flusses Lainsitz liegen. Die Lainsitz (auf Tschechisch Luznice) ist ein Nebenfluss der Moldau mit einer Gesamtlänge von 200 Kilometern, von denen 43 km in Österreich verlaufen. Der Fluss entspringt in der Nähe von Karlstift im Waldviertel auf einer Seehöhe von 980 Metern. Die Lainsitz ist der einzige Fluss Österreichs, der via Moldau in die Nordsee mündet.

MOORLANDSCHAFTEN UND IMKEREI

Moore sind aufgrund der langen Winter mit tiefen Temperaturen als Überwinterungsstandorte schlecht geeignet. Imker bringen ihre Bienen meist gezielt zu bestimmten Blütentrachten in Moorgebiete oder an deren sonnige Ränder. Die Erntemengen sind, im Durchschnitt der Jahre, von mittlerer Ergiebigkeit. Das Moorwasser, das auch in der Humanmedizin eingesetzt wird, ist wertvoll für die Gesundheit der Bienen. Chemische Analysen zeigen, dass Salze, Säuren, Vitamine, Pollen, Fette, Spurenelemente, etc. – insgesamt an die 60 Komponenten – enthalten sind. Im sauren Moorwasser finden sich auch keimtötende Substanzen, die Darmerkrankungen der Bienen hemmen. In Versuchen hat sich gezeigt, dass Bienen Moorwasser gegenüber normalem Wasser den Vorzug geben.

Weidenhonig

Siehe Kapitel Aulandschaften der Flusstäler / *Seite 95*

Faulbaumhonig

Siehe Kapitel Aulandschaften der Flusstäler / *Seite 96*

Wiese

Isarwinkel

Bienenhonig ist „... eine Art Schweiß des Himmels, Speichel der Sterne, Saft der Lüfte. Der göttliche Nektar fällt nachts vom Himmel. Gesammelt von den Bienen, in Waben gereift und tausendfach modifiziert, bereitet er – dank seiner himmlischen Natur – unermessliche Freude ...“

PLINIUS DER ÄLTERE – NATURALIS HISTORIA L.XI

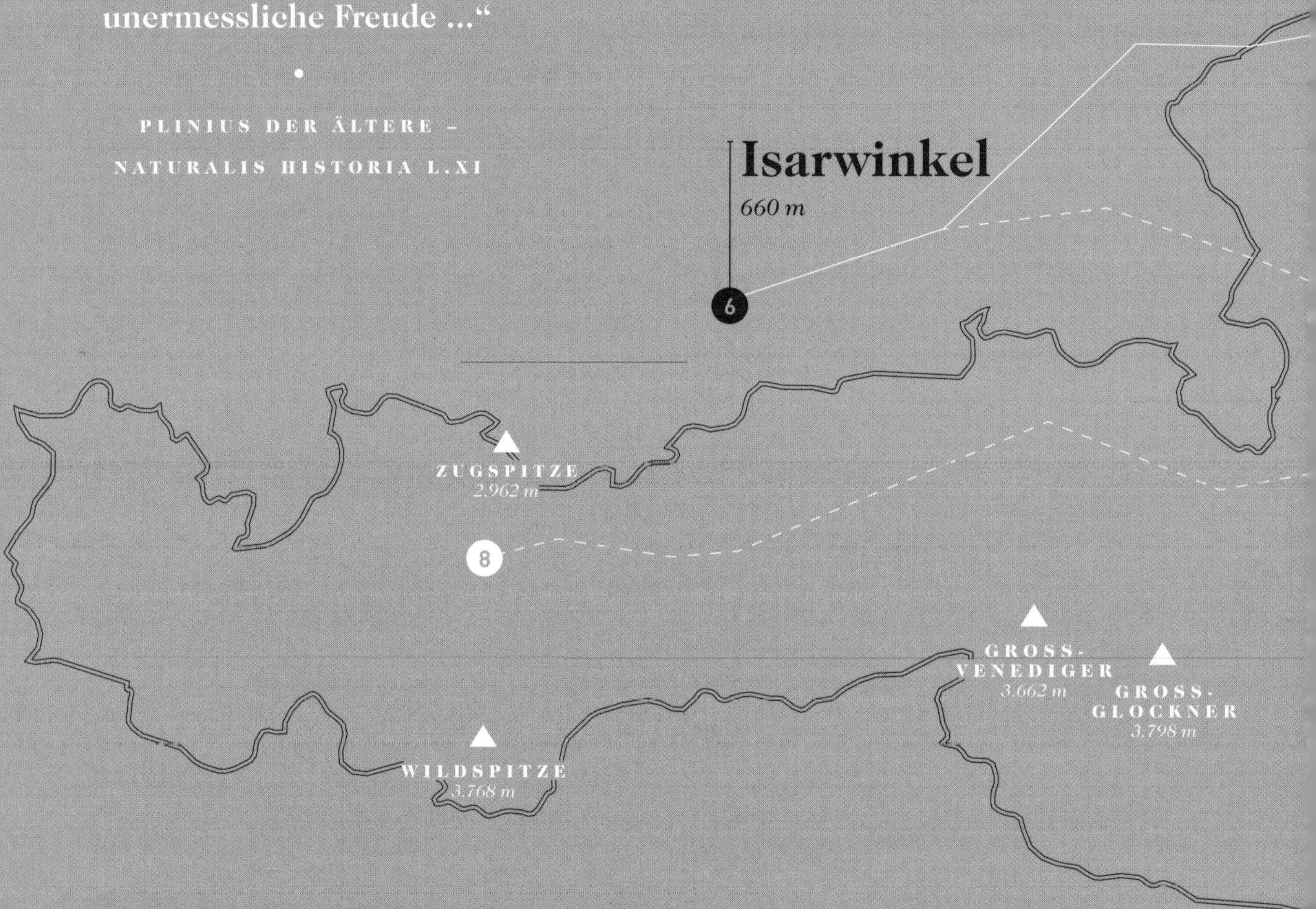

Wiesenblütenlandschaften des Alpenvorlands

AM BEISPIEL

ISARWINKEL

Das Bayerische Alpenvorland: blühende Wiesen und friedlich weidendes Vieh in kleinen Gruppen. Im Hintergrund die mächtige Kulisse des Karwendelgebirges. Kulturland, von Bauern vor Jahrhunderten in mühsamster Arbeit der Natur abgerungen.

Markus Graf

BAYERN

Wie Markus Graf Bienen auf seinem Finger landen lässt.

„*Jo mei, schön ist es da, alle mögens da her.*" Imkermeister Markus Graf steht inmitten kleiner Holzkistchen, die bunt bemalt auf Holzpfählen, scheinbar ohne System, in der Landschaft stehen. Die kleinen Kisten dienen der Heranzucht von neuen Königinnen, die, sobald sie ihren Hochzeitsflug absolviert haben, einen neuen Hofstaat gründen. Er ist stolz auf die Nachkommen seiner friedfertigen Königinnen, die er selbst züchtet. *„Jo mei, schön ist es da."* Und mit „schön" meint er nicht etwa seine Bienenhütte am erhöhten Waldrand mit der prächtigen Kulisse vor den Bayerischen Alpen. Nein, er meint seinen Zeigefinger. Denn prompt setzt sich eine Bienendame auf diesen und bleibt eine ganze Weile sitzen. Ganz so, als wolle sie die Friedfertigkeit ihres ganzen Volkes demonstrativ unter Beweis stellen. *„Jo mei, schön ist es da"*, wiederholt der Imker ein drittes Mal.

Markus Graf ist Imker in zweiter Generation. Sein Vater, ein „Zuagroasta aus dem Allgäu" und ehemaliger Lebensmittelkontrolleur, hatte 1976 mit den Bienen begonnen. Sohn Markus, „direkt von da", startete zwanzig Jahre später. Vater und Sohn arbeiten gut zusammen. *„Ein anderer Imker ist krank geworden und dessen 18 Bienenvölker habe ich übernommen und weiter betreut"*, erzählt Markus. Von dem erkrankten Imker habe er auch ein kleines, fahrbares Bienenhäuschen übernommen. Allerdings habe er diesen Anhänger heute nicht mehr, denn zum Bewegen brauchte man immer einen Traktor. Zwei Jahre später, 1998, machte er bereits seine erste eigene Bienenwanderung. Im Jahre 2006 schloss er seine Ausbildung als Imkermeister ab und stellte seinen Betrieb bald darauf auf „bio" um. *„Du tust dir halt leichter, wenn du nicht bio bist, aber bei der Vermarktung ist es fast notwendig. Manche Kunden habe ich auch verloren, weil die gemeint haben, das sei ja bloß eine Geldschneiderei"*, erzählt Markus von seinen Anfängen als Bio-Imker.

„Die Bienenkisten bauen wir alle selber. Wenn man sich ein bisserl darum kümmert, kann man sie ganz lange verwenden", so der gelernte Schreiner. Und er ergänzt: *„Kästen zusammenbauen tue ich schon, seit ich zehn bin."* Er habe zwei Imkerkollegen, die auch in seiner Werkstatt mitarbeiten und gemeinsam hätten sie so lange getüftelt, bis alles gepasst hätte. Als Material kämen nur Holz und Edelstahl in Frage. *„Die Rähmchen machen wir eigentlich aus der Not heraus auch selbst. Bei den Messen klopfen die Produzenten große Sprüche und wenn ich dann sage, ich möchte sie so und so haben, dann hört man meist nichts mehr von ihnen"*, erzählt Markus Graf. *„Oder höchstens: Bei 3000 Stück fange ich das gar nicht an, bei 100.000 können wir darüber reden."*

„Jo mei, schön ist es da.“ Und mit „schön“ meint er nicht etwa seine Bienenhütte am erhöhten Waldrand mit der prächtigen Kulisse vor den Bayerischen Alpen. Nein, er meint seinen Zeigefinger. Denn prompt setzt sich eine Bienendame auf diesen und bleibt eine ganze Weile sitzen. Ganz so, als wolle sie die Friedfertigkeit ihres ganzen Volkes demonstrativ unter Beweis stellen.

Begattungskisten für die Königinnenzucht

Drechseln habe er zwar noch gelernt, aber man verdiene damit leider kein Geld. Die tiefen, großen Schüsseln aus Massivholz brauche heute keiner mehr. Und weiter: *„Ich habe eigentlich das Problem gehabt, dass ich hätte alles lernen können. Elektrisch hab ich mich ausgekannt und interessiert hat mich alles. Aber das mit dem Schreinern hat dann doch am besten zu den Bienen gepasst."* Aber das mit der Schreinerei sei so eine Sache: Wenn es draußen schön sei, stehe man in der Werkstatt. *„Das hat mir nicht gefallen. Bei Sonne bin ich lieber draußen bei den Bienen."*

„Da hinten regnet es schon ... Fahren wir weiter", drängt der Imker zum Aufbruch. Kaum im Auto, sagt er: *„Wo wir jetzt hinfahren, ist es vom Klima her ziemlich kühl, also gut für den Löwenzahn und der Bauer lässt ihn auch etwas länger stehen. Bei uns herunten im Tal sieht man eigentlich nur mehr Gelb, nur noch Löwenzahn."* An Honigsorten sei es hier vor allem der Nektar dieses auffälligen Korbblütlers und auch der Waldhonig, die regelmäßig Erträge brächten. Nach Ende der Löwenzahnblüte käme dann noch der Sommerhonig, den die Bienen vor allem von Linden und Himbeeren sammeln. Und es gäbe Jahre, in denen auch die Weiden mit Blattläusen überzogen wären und viel Honigtau produzieren, da hätten sie dann auch Weiden-Blatthonig. *„Da brauchst du einen Regenschirm, wenn du darunterstehst"*, erzählt Markus Graf. Mehr an Sorten gäbe es hier nicht. Und heuer hätte es nur Waldhonig gegeben. Keinen Blütenhonig. Zu viel Regen. Und er fügt hinzu: *„Honig bringen sie woanders mehr zusammen. Aber es ist auch eine Kunst, den Honig zu einem guten Preis zu verkaufen."*

Was die persönlichen Honigvorlieben des Imkermeisters angehe, so hätte er am liebsten cremige Honige. *„Ich mag es halt nicht, wenn das Zeug so an den Fingern pappt."* Löwenzahn und Raps seien bei ihm immer cremig gerührt. Denn mit den flüssigen Honigen sei es so: *„Irgendwo läuft es dann wieder runter, dann kannst du schon wieder laufen, um dir die Finger zu waschen. Im Winter beim Honigfüllen, da hat man das auch dauernd, dass es irgendwo pappt."*

Zur wirtschaftlichen Absicherung dient Markus Graf auch ein Laden mit Imkereiprodukten. Ganz von seinem Honig leben? *„Da müsste man halt auch noch viel investieren. Und man braucht Geld zum Umbauen. Wenn du mehr hast, dann brauchst du Mitarbeiter. Dazu das Risiko mit der Klimaveränderung.*

H. Graf
H. Graf

Und das mit den Völkerausfällen", ergänzt der erfahrene Imker. Ab 100 Völkern werde es interessant. Aber man müsse in einer Gegend mit guten und regelmäßigen Erträgen sein, wo man den Honig gut absetzen könne und wo der Preis stimme.

Der deutsche Honigmarkt unterscheidet sich in einigen Punkten grundlegend von dem in Österreich. Der Selbstversorgungsgrad mit Honig ist mit 25 Prozent wesentlich geringer. Der Pro-Kopf-Verbrauch liegt etwas unter dem österreichischen Niveau. Zugleich ist Deutschland nach den USA, der zweitgrößte Importeur von Honig weltweit. Die jährliche Produktionsmenge an deutschem Honig liegt bei etwa 20.000 Tonnen. Ähnlich wie in Österreich sinkt die Zahl der deutschen Imker und ihrer Bienenvölker seit 1970 kontinuierlich. Erst in den letzten Jahren scheint sich dieser Trend wieder umzukehren.

Als Imker erlebe man das Jahr viel intensiver. *„Wenn Schlechtwetter ist im Mai und dann wird es schön, dann weiß man schon vorher, wann die nächsten Schwärme kommen. Eigentlich sagt dir die Biene, was sie braucht. Aber man muss wissen, worauf man schaut"*, fasst der Imker seine Arbeitsphilosophie zusammen. Wenn man mit Tieren arbeite, dann müsse man die Natur respektieren, man könne nichts erzwingen. Wenn es regne, dann müsse man Pause machen. Und dann gebe es wieder Tage, an denen man vor lauter Zeitnot nicht wisse, was zuerst zu tun sei. Es sei halt so.

Nächster Bienenstandort: Bergpanorama, südseitig, in der Nähe eines Bauernhofes, mitten unter Kühen. Glockengeläute von einer Kapelle auf der Anhöhe. *„Das ist eigentlich mein schönster Standplatz, den habe ich erst seit heuer. Ich bin da durch Zufall draufgekommen, weil sie gemeint haben, sie brauchen so viel Honig. Ich habe gesagt, ihr kriegts von mir den Honig, aber dafür darf ich mit meinen Stöcken hier stehen."* Im Winter habe hier so viel Schnee gelegen, dass sie mit den Schiern über den Weidezaun gefahren seien. Wenn man nicht genau wisse, wo die Bienen stehen, dann fände man sie im Winter nicht. *„Mit der eigenen Milch erzeugen die Bauern auch Eis, da brauchen sie auch Honig dafür. Die Bäuerin verkauft den Honig in der kleinen Hütte. Und direkt davor läuft auch ein Wanderweg vorbei"*, erzählt Markus Graf.

Und die Sache mit den Bienenstichen? *„Damals in den 80er Jahren waren die Bienen noch nicht so brav"*, meint der Imker. Erst mit der Königinnenzucht seien sie sanftmütiger geworden und man

könne jetzt auch ohne Handschuhe arbeiten. *„Aber als Kind hat man schnell ein paar Stiche abbekommen. Bis heute vertrage ich sie nicht so gut. Ein bisserl allergische Reaktion ist das schon. Aber man gewöhnt sich mit der Zeit daran. Wenn es in der Nähe vom Hals ist, dann ist es nicht mehr lustig, wenn man dann plötzlich keine Luft mehr kriegt"*, so der Bienenzüchter. Aber täten die Bienen nicht stechen, würde jeder Honig machen.

Die Imkerei mit ihren Völkerverlusten in den letzten Jahren sei ein einziges Auf und Ab gewesen. 2002 hätte er gemeinsam mit seinem Vater schon einmal 120 Völker gehabt. Dann seien die ersten großen Ausfälle gekommen. Er sei von 66 auf 22 runter. Wegen der Varroamilbe. Honig habe er trotzdem genug gehabt. Er habe in den darauf folgenden Jahren wieder auf 40 Völker aufgestockt und sei im Herbst 2009 auf sechs Völker runtergefallen. Wieder wegen der Varroa. Markus Graf resümiert: *„Wenn du merkst, dass da etwas nicht stimmt, dann ist es schon zu spät."*

„Die Imker, die wissen wie's geht, die haben meistens keine Zeit, und die, die Zeit haben, wissen nicht wie's geht." Es gäbe Leute, die seit 40 Jahren Imker seien und noch immer nicht wüssten, wie's geht.

„Bei uns im Verein mache ich Schulungen, aber nur für Imker, die schon zwei, drei Jahre Bienenvölker haben." Den Jungimkern rauche der Kopf, wenn sie von seinen Kursen rausgingen. Es gäbe eine große Nachfrage. *„Ich erklär immer ein bisserl und dann lass ich sie schon machen. Wenn du einmal mit einem Imker unterwegs bist, der 50 bis 60 Völker hat, dann kommst du nachher mit fünf Völkern leicht zurecht."*

Am Ende des Gespräches eine unerwartete Frage von Markus Graf: *„Und vom Dialekt her, verstehst mich ja, oder?"* Denn in München, da täten sie ihn schon eher nach Tirol. Es ist fei höchste Zeit zum Abschied. Leider.

Kleine Brutwabe aus einem Begattungskästchen

Frisch geschlüpfte Königinnen
in kleinen Käfigen

Was macht der Imker mit seinem Honig?

Geschmorter Chicorée mit Löwenzahnhonig

ZUTATEN

FÜR 4 PERSONEN

4 Chicorée
1 EL Olivenöl
Saft von 1/2 Zitrone
1/8 l trockener Weißwein
1 Prise Salz
2 TL Löwenzahnhonig
schwarzer Pfeffer, frisch gemahlen
Walnüsse

ZUBEREITUNG

Chicorée waschen und halbieren und im heißen Olivenöl gut anbraten. Chicorée mit Zitronensaft überträufeln. Mit Weißwein und 1/8 l Wasser aufgießen und salzen. Honig zufügen. Zudecken und etwa 15 Minuten bei kleiner Flamme schmoren lassen. Vor dem Servieren leicht abkühlen lassen und mit frisch gemahlenem Pfeffer würzen. Mit gerösteten Walnusshälften garnieren und als Vorspeise servieren.

Der aromatische Löwenzahnhonig harmoniert wunderbar mit den Bittertönen des Chicorées.

GRÜNLANDSCHAFTEN

Wissenswertes

GRÜNLAND DEFINITION

Als Grünland bezeichnet man landwirtschaftlich genutzte Flächen, auf denen Gras und krautige Pflanzen wachsen, die entweder beweidet oder durch Mähen geerntet werden. Aber auch gepflegte Naturschutzflächen zählen dazu. Im Regelfall handelt es sich um vom Menschen geschaffene Wiesen und Weiden in Zonen mit höheren Niederschlägen. Brachliegendes Grünland entwickelt sich wieder in seine Urform zurück (Wald, Buschwerk, Heide etc.). Grünlandflächen sind Teil von Kulturlandschaften und prägen die Landschaft weiter Teile des Alpenvorlandes und der inneralpinen Tallagen.

ENTSTEHUNG DES GRÜNLANDES IM ALPINEN RAUM

Als die ersten Siedler in den Ostalpen eintrafen, fanden sie einen Naturraum mit einer dichten Waldbedeckung vor. Die Talböden waren an vielen Stellen von Überschwemmungen gefährdet. Die schwierigen Lebensbedingungen boten kaum mehr als das, was für eine karge Selbstversorgung nötig war. Um etwa 1100 n. Chr. begann der hochmittelalterliche Siedlungsausbau. Begünstigt durch politische Stabilität und eine signifikante Klimaerwärmung wurden flächenhaft Wälder gerodet und in landwirtschaftliche Nutzflächen umgewandelt. Neue Siedlungen wurden angelegt und bereits bestehende vergrößert. Der alpine Raum wurde mit Verkehrswegen erschlossen. Eine große Dynamik löste auch die Gründung von zahlreichen Klöstern aus, die vor allem entlang des Alpennordrandes entstanden. Die Mönche und Laienbrüder machten Land urbar und errichteten landwirtschaftliche Großbetriebe. Vielfach wurde das Land später an Bauern übergeben und von diesen bewirtschaftet. Der Getreidebau spielte für die Selbstversorgung eine große Rolle und fast alle geeigneten und sonnigen Flächen bis zur Getreideobergrenze von 1200 Metern Seehöhe waren für Ackerbau reserviert. Gedüngte Wiesen in der Nähe der Höfe dienten zur Versorgung des Viehbestandes. Nur Steilflächen blieben bewaldet. Flächen oberhalb der Baumgrenze wurden als Sommerweide für die Almwirtschaft genutzt. In dieser Zeit entstand also jenes 1000-jährige Landschaftsbild, das den alpinen Raum bis heute prägt.

GRÜNLANDNUTZUNG IM ALPENVORLAND

In der Bodennutzung des Alpenvorlandes finden sich von Westen nach Osten erhebliche Unterschiede, die vor allem auf die Änderung der klimatischen Bedingungen zurückzuführen sind. Für die Bodennutzung des Alpenvorlandes ist die Verbindung zwischen Ackerbau und Grünlandwirtschaft bezeichnend, wobei der Ackerbau gegen Osten immer mehr an Bedeutung gewinnt. Im westlichen Alpenvorland und hier vor allem im Flachgau und im Innviertel nimmt der Futtermittelanbau den Großteil der landwirtschaftlichen Nutzfläche ein und schafft damit die Voraussetzung für eine intensive Rinderwirtschaft, die auf Zucht und Milchproduktion ausgerichtet ist. Im östlichen Flach- und Hügelland dagegen verschwanden mit der Aufgabe der Viehwirtschaft auch die Grünlandzonen.

TRADITIONELLE NUTZUNG VON GRÜNLAND IM ALPINEN RAUM

Früher wurden Wiesen, die im Frühjahr länger feucht und als Ackerstandort nicht geeignet waren, als wichtige Futterquelle für das Vieh genutzt. Der tierische Dung war die Existenzgrundlage des Bauern und die einzige Möglichkeit, die Erträge aus dem Ackerland zu steigern. Selbst kleine Wiesenraine und Grünstreifen an Waldrändern wurden als Viehfutter geschnitten. Daher gab es keine ungenutzten Grünlandbestände.

VERÄNDERUNGEN IM LANDSCHAFTSBILD

Die Aufforstung steiler Flächen, die Entwässerung feuchter Wiesen und die Planierung von Hutweiden hatten eine Uniformierung der Standorte zur Folge. Eine traditionelle Wiesenbewirtschaftung in Tallagen ist heute kaum mehr vorhanden. Um zu verhindern, dass aus sämtlichen Wiesenblütenlandschaften industriell genutztes Grünland wird, ist die Erhaltung nährstoffarmer Wiesentypen mit extensiver Nutzung und ein Überdenken der Förderungen in der Landwirtschaft ein wichtiges Interesse der Allgemeinheit.

VERÄNDERUNG VON WIESEN DURCH BEWEIDUNG

Wiesen und Weiden sind durch menschliche Nutzung geprägt, konkret durch Eingriffe wie Mahd und Beweidung. Meist nimmt das Kulturgrasland waldfähige, mit Nährstoffen gut versorgte Böden ein. Die Mahd und Entnahme des Schnittgutes führt ohne ausgleichende Düngergabe zu Nährstoffentzug. Ebenso führt Beweidung zu großflächigem Nährstoffentzug und zu punktueller Anreicherung mit Nährstoffen an Lagerplätzen des Viehs. Dies begünstigt die Ausbreitung von Pflanzen, die auf Grund von giftigen Inhaltsstoffen oder Stacheln vom Vieh gemieden werden. Arten, die sich der Mahd durch an den Boden gedrückte Wuchsformen (Rosetten) und zeitiges Blühen entziehen können, haben ebenfalls Konkurrenzvorteile. Grundsätzlich dominieren auf nährstoffreichen Böden mehrjährige Pflanzen, da sich einjährige aufgrund der häufigen Mahd nicht durchsetzen können. Unter nährstoffärmeren Verhältnissen treten alle Lebensformen gleichmäßiger auf.

VERÄNDERUNG VON WIESEN DURCH INTENSIVE GRÜNLAND-BEWIRTSCHAFTUNG

Die Intensivierung der Landwirtschaft bewirkte eine massive Veränderung der Artenvielfalt im Grünland. Unter Intensivierung der Grünlandnutzung versteht man die Ausbringung von Kunstdünger, Gülle oder Jauche, häufigere Schnitte, Pflegeumbruch der Wiesen, Verwendung von Ansaatmischungen, Entwässerung, kontrollierte Bewässerung und Unkrautbekämpfung sowie den Einsatz von schweren landwirtschaftlichen Geräten, die Bodenverdichtungen verursachen. Die rationelle Arbeitsweise ermöglicht eine Vorverlegung der ersten Wiesenmahd in den Monat Mai und insgesamt sechs Schnitte sind keine Seltenheit.

ISARWINKEL – GEOGRAFIE

Der Isarwinkel ist eine Region im oberbayerischen Tölzer Land. Es beginnt an der österreichischen Staatsgrenze, folgt dem Isartal und endet bei Bad Tölz.

DIE ISAR

Die Isar entspringt im Tiroler Karwendelgebirge. Nach 22 Kilometern verlässt sie österreichisches Staatsgebiet, durchfließt in nordöstlicher Richtung den Isarwinkel und weiter nördlich die bayerische Hauptstadt München. Bei Deggendorf mündet sie in die Donau. Die Isar ist ein typischer Fluss der nördlichen Voralpen: ein breites Flussbett, das seinen Lauf ständig ändert, mächtige Schotterbänke mit verzweigten Flussarmen im Oberlauf. Die Isar ist nach Donau, Main und Inn der viertgrößte Fluss Bayerns. Das Wassereinzugsgebiet umfasst mit 9000 km² die Nordseite des Karwendelgebirges sowie einen großen Teil der Bayerischen Alpen. Die Entwässerung erfolgt Richtung Norden via Donau ins Schwarze Meer. Den höchsten Wasserstand erreicht die Isar im Frühjahr zur Zeit der Schneeschmelze.

BAYERISCHES ALPENVORLAND – GEOLOGIE

Die Eiszeit vor etwa 15.000 Jahren hat die Region Oberbayern als Voralpen- und Moränenlandschaft geprägt. Sie ist eine hügelige Landschaft mit zahlreichen Wiesen-, Wald- und Moorflächen sowie vielen Seen – vom 82 km² großen Starnberger See bis hin zu kleineren Waldseen.

BAYERISCHES ALPENVORLAND – KLIMA UND VEGETATION

Das bayerische Alpenvorland liegt in der Übergangsstufe von kolliner zu montaner Vegetation. Aufgrund der Lage nördlich des Alpenhauptkammes ist die Zone sehr niederschlagsreich. Die Hauptmasse der jährlichen Niederschläge von etwa 1200 Millimetern fällt während der Vegetationsperiode in kurzen ergiebigen Gewitterregen, die in den Bergen oft in Schnee übergehen. Die kolline Stufe, also jene Vegetationsstufe, in der die nördlichen Kalkalpen mit Buchenwäldern bedeckt sind, endet bei etwa 400 Metern Seehöhe. Die Bayerische Hochebene grenzt als verhältnismäßig hoch gelegenes und kaltes Alpenvorland an.

Honige aus Grünlandschaften

Außer von den auf den folgenden Seiten genannten Haupttrachtpflanzen sammeln die Bienen in den Grünlandzonen des Voralpengebiets Nektar und Pollen an folgenden Pflanzen: Brombeere, Weide, Fichte, Bergahorn, Obstblüte, Vergissmeinnicht sowie zahlreichen weiteren Wiesenblumen. Kennzeichen von Voralpenhonigen ist häufig ein sehr hoher Anteil an Vergissmeinnicht-Pollen.

Die Erntemengen sind je nach Witterung und Standort sehr unterschiedlich und liegen ohne Bienenwanderung im Durchschnitt der Jahre zwischen 10 und 20 Kilogramm Honig pro Bienenvolk.

GRÜNLANDSCHAFTEN UND IMKEREI

Die meisten Bienenstände liegen in einer Seehöhe von 400 bis 600 Metern, Wanderbienenstände können auch 1000 Meter Seehöhe erreichen. Die Tallagen sind bedeutend artenärmer als die Bergwiesen. Hier hat die intensive Mäh- und Weidewirtschaft das Nahrungsangebot für die Bienen sehr eingeschränkt. Dank der großflächigen Ausbreitung des Löwenzahns hat sich die Gesamterntemenge an Blütenhonig jedoch nicht verringert.

TARAXACUM
OFFICINALE

LÖWENZAHN

lat. *Taraxacum officinale*

Der Löwenzahn, lat. *Taraxacum officinale,* gehört zur Familie der Korbblütler, *Asteraceae*. Die Korbblütler sind, mit 920 Gattungen und 20.000 Arten, eine der größten Pflanzenfamilien weltweit. Charakteristisch für die Korbblütler ist, dass die Einzelblüten zu körbchenartigen Blütenständen vereinigt sind, die in ihrer Gesamterscheinung einer einzigen Blüte ähnlich sind. Der Pollen ist für Insekten leicht verfügbar. Der Nektar muss mit dem Insektenrüssel aus der Tiefe der Blütenröhre, die bei Löwenzahn allerdings nur vier Millimeter lang ist, gesaugt werden. Löwenzahnblüten reflektieren ultraviolettes Licht und scheinen nur für das menschliche Auge gelb, für Bienen jedoch ultraviolett. Die Blütenköpfe sind nur wenige Stunden zu Tagesbeginn geöffnet. Sie schließen sich um die Mittagszeit und auch bei Regen und können bei anhaltendem Schlechtwetter tagelang in dieser Position ausharren.

Löwenzahn ist eine der bekanntesten Pflanzen der nördlichen Halbkugel, wie eine schier unüberschaubare Zahl an regionalen Bezeichnungen für diese auffällige Blüte beweist. Die Pflanze war bereits im Altertum bekannt, jedoch nicht sehr stark verbreitet. Löwenzahn gedeiht besonders gut auf nährstoffreichen Wiesen, die stark mit Gülle gedüngt und häufig gemäht werden, und er verwandelt ganze Landstriche für kurze Zeit in ein gelbes Blütenmeer. Die Vermehrung der Pflanze erfolgt durch Früchte, die mit einer Art Fallschirm vom Wind verfrachtet werden. Diese keimen innerhalb von wenigen Tagen und schließen sofort Lücken in Wiesen. Die rasch wachsenden Pflanzen bilden bereits zeitig im Frühjahr Blattrosetten und fast zugleich erscheinen schon die ersten Blüten. Löwenzahn hat eine Pfahlwurzel, die sehr tief in die Erde reicht.

Als ergiebige Nektar- und Pollenpflanze ist Löwenzahn für die Bienen im Flachland und im voralpinen Bereich für die Frühjahrsentwicklung von immenser Bedeutung. Die Blütenpollenreife erfolgt in den Nachtstunden. Der gesamte Tagesvorrat ist mit Öffnung der Blüte verfügbar und wird von den Bienen innerhalb von zehn bis fünfzehn Minuten abgeerntet. Der gelborange Pollen an den Hinterbeinen der heimkehrenden Bienen ist gut erkennbar.

Die Löwenzahnblüte ist für Bienen äußerst attraktiv und führt zu einer wahren Explosion in der Entwicklung eines Volkes. Schlechtwetterperioden während der Löwenzahnblüte können allerdings eine starke Schwarmneigung der Bienenvölker verursachen.

Löwenzahn gilt als Heilpflanze bei Leber-, Gallen- und Nierenbeschwerden. Geröstete Wurzeln der Pflanze wurden früher vermahlen und als Kaffeeersatz verkauft. Die Blätter des Löwenzahns werden im zeitigen Frühjahr als erster Wildsalat geschätzt.

Löwenzahnhonig

Reinsortiger Löwenzahnhonig zeigt sich in kristallisiertem Zustand in kräftigem Dottergelb, meist ist der Farbton durch Anteile von anderen Honigsorten wie Weißklee etwas heller oder durch Waldhonig dunkler. Die Kristallisation des Honigs erfolgt, bedingt durch den hohen Glucosegehalt, rasch. Die Kristalle sind fein und nur bei erhöhtem Wassergehalt grobkörnig. Der Geruch ist sehr intensiv und entspricht dem einer zerdrückten Löwenzahnblüte. Am Gaumen ist Löwenzahnhonig von angenehmer Frische und mittlerer Süße. Der lange Abgang mit Noten von grünen Blättern, Kamillenblüten und weißem Pfeffer ist für den Honig charakteristisch und macht ihn leicht erkennbar.

Löwenzahnhonig besticht durch ein kräftiges Dottergelb, angenehme Frische und mittlere Süße.

Reine Löwenzahnhonige sind rar und stammen meist aus Grünlandgebieten des Alpenvorlandes in 400 bis 600 Metern Seehöhe. In tieferen Lagen blüht Löwenzahn bereits Mitte April, allerdings ist, bedingt durch die noch kälteren Nächte, die Nektarabsonderung gering. Zusätzlich ist der Eigenverbrauch der Bienen hoch. Da die Bienen zu diesem Zeitpunkt in voller Entwicklung stehen, muss auch immer ein ausreichender Futtervorrat im Bienenvolk verbleiben. Es darf aus diesem Grund nur ein Teil des Löwenzahnhonigs entnommen werden. Durch den Transport der Bienen in höher gelegene Zonen kann man quasi mit der Blüte des Löwenzahns „mitwandern". Die Blühdauer des Löwenzahns kann sich auf bis zu vier Wochen verlängern, wenn im Fluggebiet der Bienen Wiesen auf schattigen Nordhängen oder wenig besonnte Tallagen sind. Aufgrund der kurzen Blühperiode des Löwenzahns und der kühlen Temperaturen, die die Umarbeitung von Nektar zu Honig erschweren, ist die Gefahr der unvollständigen Ausreifung und eines erhöhten Wassergehaltes im Honig gegeben. Zu hoher Wassergehalt beeinträchtigt die Haltbarkeit des Löwenzahnhonigs und der Honig kann zu gären beginnen. In den höher gelegenen Gebieten der Steiermark war 2012 ein außergewöhnliches Jahr für Löwenzahnhonig. Die Gründe waren eine günstige Witterung mit warmen Nächten während der Löwenzahnblüte und ein völliges Ausbleiben der Waldtracht. Dadurch wurden die Bienen nicht von den Wiesen weg in den Wald gelockt.

RUBUS IDAEUS

HIMBEERE

lat. *Rubus idaeus*

Die Himbeere, lat. *Rubus idaeus,* zählt zur Familie der Rosengewächse, *Rosaceae.* Himbeeren sind Halbsträucher, d. h. die Schösslinge tragen im zweiten Jahr Blüten und Früchte und sterben dann ab. Der Wuchs ist aufrecht und an den Triebspitzen überhängend. Die Vermehrung erfolgt durch Wurzelausläufer. Die Blüten werden bereits im Frühsommer und Herbst des Vorjahres gebildet und benötigen eine Kältephase für ihre endgültige Entwicklung. Die Himbeeren bilden rote Sammelfrüchte, die sich leicht vom Blütenboden lösen.

Von den insgesamt 159 Himbeerarten, die in Südasien bekannt sind, sind nur einige in Europa heimisch. Vor etwa 400 Jahren begann die Züchtung von Kultursorten der Himbeere, vor allem durch Kreuzung von einheimischen mit importierten Arten. *Rubus*-Arten wie Brombeere, lat. *Rubus fructicosus,* und insbesondere auch die Himbeeren sind ergiebige Spender von Blütennektar und Pollen und bei Honigbienen sehr beliebt. Zwischen den Kultursorten bestehen erhebliche Unterschiede in der Nektarproduktion. Der Honigwert reiner Himbeerbestände wird auf etwa 120 Kilogramm pro Hektar geschätzt. Pollen wird in der Himbeerblüte ganztägig produziert und von den Bienen in grauen Höschen in das Bienenvolk eingetragen. *Rubus*-Pollen zählt mit 4,6 Prozent Stickstoff zu den stickstoffreichsten Pollenarten. Größere Wildhimbeer-Bestände entstehen meist an Waldrändern sowie nach Kahlschlägen in Fichtenwäldern.

In der Naturheilkunde finden sowohl Früchte als auch Blätter und Wurzeln der Himbeere Verwendung.

Himbeerhonig ist mild im Geruch mit Aroma von reifen Früchten.

Himbeerblütenhonig

Himbeerblütenhonig ist meist Teil von Waldhonigen, reinsortig ist er jedoch sehr selten zu finden. Bei ausbleibender Fichtentracht kann der Anteil von Himbeere durchaus bedeutend sein. Himbeerblütenhonige sind, wie auch andere Honige von Rubus-Arten, in flüssigem Zustand hellgelb, sobald kristallisiert fast weiß. Er ist mild im Geruch mit Aroma von reifen Früchten. Am Gaumen zeigt Himbeerblütenhonig eine mittlere Säure und einen kurzer Abgang.

KLEE

lat. *Trifolium*

Der Klee, lat. *Trifolium*, zählt zur Familie der Schmetterlingsblütler, *Fabaceae*. Diese stellen mit zahlreichen Arten die zweitgrößte Familie des Pflanzensystems. Schmetterlingsblütler sind wichtige Futterpflanzen auf Viehweiden und dank ihrer weltweiten Verbreitung und der hohen Nektarproduktion äußerst wichtig für die Imkerei. Besondere Bedeutung haben Schmetterlingsblütler für die Landwirtschaft, da sie imstande sind, mithilfe von Knöllchenbakterien Stickstoff aus der Luft zu binden. Das macht zusätzliches Ausbringen von Handelsdüngern unnötig. Klee spielt eine wesentliche Rolle in der Befestigung von Böschungen und Uferverbauungen, da er sich gut im Boden verwurzelt. Von den vielen heimischen Kleearten sind nur wenige für die Landwirtschaft und als Bienenweide von Bedeutung. Die wichtigsten sind der Weiß- und der Rotklee. Weißklee, lat. *Trifolium repens*, benötigt mittelschwere Böden und ausreichend Niederschlag oder einen hohen Grundwasserspiegel. Rotklee, lat. *Trifolium pratense*, produziert mehr Nektar als Weißklee, hat allerdings im Vergleich zu diesem eine längere Kronröhre und ist für kurzrüsselige Insekten wie Honig- oder Wildbienen schwer erreichbar. Auf den Wiesen des Alpenvorlandes kann nach dem ersten Grasschnitt, also etwa Mitte Juni, der Weißklee sehr rasch zur Blüte gelangen. Zeitlich ist dies nach der Blüte des Löwenzahns und zeitgleich mit der Tracht von Bergahorn und Fichte. Kleearten sind bedeutende Pollenlieferanten für die Brut im Bienenvolk. Der Pollen von Weißklee ist gelb-braun, die Blühdauer kann sehr lang sein: von Anfang Juni bis Mitte Oktober. Weißklee bietet noch andere Vorteile: Die Nektarproduktion erfolgt auch bei Trockenheit und da diese Pflanze nicht kälteempfindlich ist, gedeiht sie auch in höheren Regionen.

Kleehonig

Früher war Kleehonig weltweit eine der mengenmäßig wichtigsten Honigsorten. Die großen globalen Produktionszonen waren die Präriefläche Nordamerikas und bewässerte Wiesenflächen in Norditalien. Hierzulande stammt Kleehonig in monofloraler Form meist von Grünflächen des Alpenvorlandes. Oft ist er, gemeinsam mit dem geschmacklich dominanten Löwenzahn sowie der Obstblüte, Teil von Frühjahrsblütenhonigen Kleehonig ist sehr hell, solange er flüssig ist, und milch- bis hellbernsteinfarben, sobald er kristallisiert. Er bildet sehr feincremige Naturkristalle. In der Nase dominieren feine Blumenaromen und Milchkaramell von mittlerer Intensität. Am Gaumen ist Kleehonig sehr süß mit wenig Frische und zeigt Noten von reifen Bananen und Milchkaramell. Sein Geschmack ist anhaltend und lang im Abgang. Die natürlichen Kristalle sind nicht immer regelmäßig, daher wird Kleehonig fast immer cremig gerührt.

TRIFOLIUM

Wald

Naintschgraben

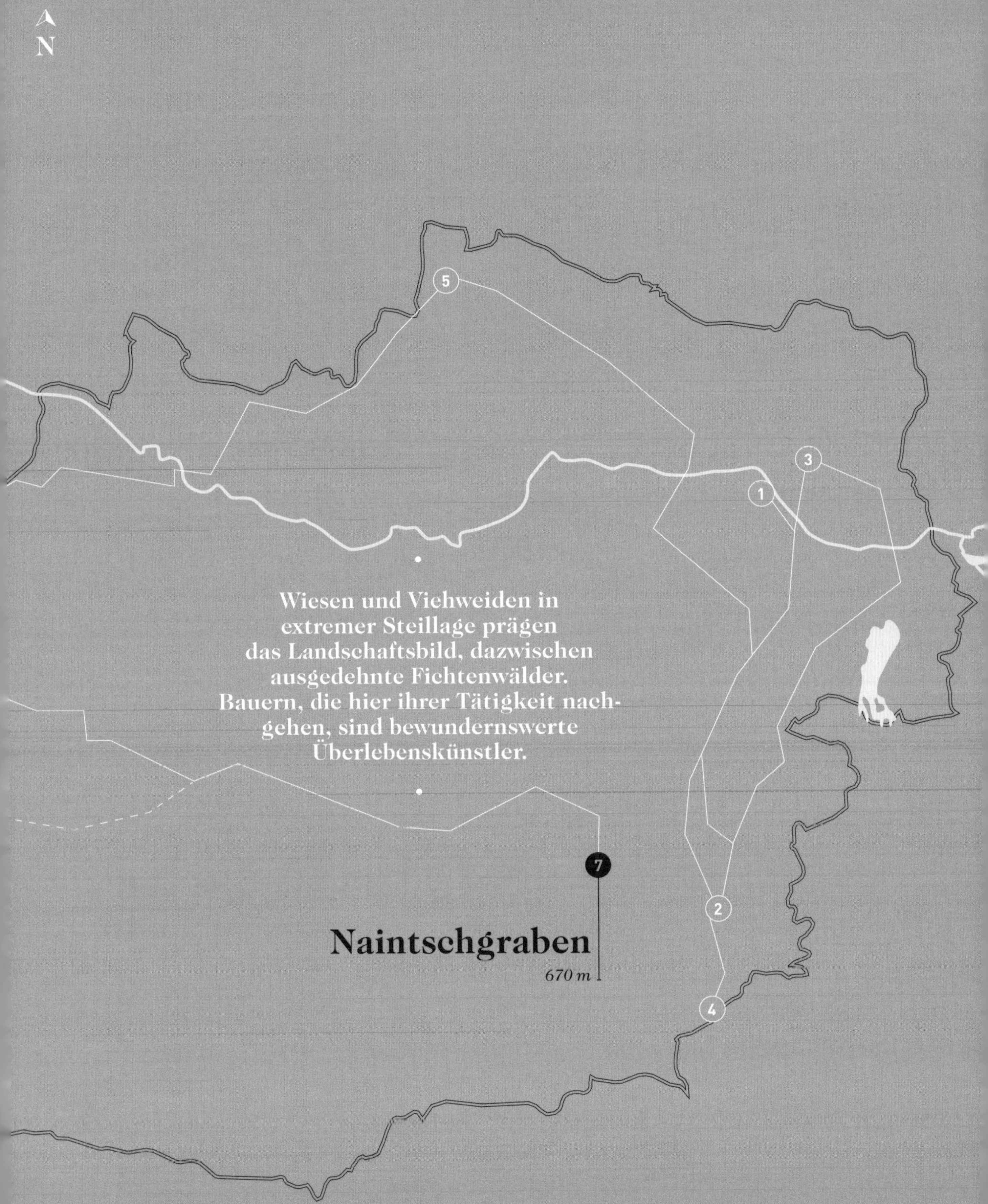

Wiesen und Viehweiden in extremer Steillage prägen das Landschaftsbild, dazwischen ausgedehnte Fichtenwälder. Bauern, die hier ihrer Tätigkeit nachgehen, sind bewundernswerte Überlebenskünstler.

Waldlandschaften des Alpenrandes

AM BEISPIEL

NAINTSCHGRABEN

Waldimkerei ist die Königsdisziplin der Bienenhaltung. Keine Honigsorte hat eine derart komplizierte Entstehungsgeschichte, kein Honig ein derartig komplexes Geschmacksbild wie der dunkelste aller heimischen Honige.

Vier Generationen, Familie Gruber

OSTSTEIERMARK

Wie Josef Gruber sen. Rückschau hält auf 70 Jahre Imkerleben und was nach ihm kommt.

Josef Gruber sen., mit 86 Jahren einer der ältesten aktiven Imker des Landes, auf einem Stuhl sitzend, umrahmt vom dunklen Inneren seiner Bienenhütte. Der Blick in sich versunken und zugleich nach draußen gerichtet, erzählt er aus seinen 70 Jahren Imkerleben: *„Ich hatte zwei Völker, dann vier, dann zehn, dann zwölf. Wenn man es gut macht, wird es automatisch mehr. Es war nicht allzu viel zu tun, die Bienen haben sich selbst versorgt, sie fanden genug. Die Bauern säten Klee, sie machten Heu, alle hatten Bienen. Im Spätherbst konnten sich die Bienen selbst mit Nektar von Buchweizen auffüttern und für den Winter versorgen. Die Bienen waren zuerst für die Bestäubung der Obstbäume, der Honig war nur die Draufgabe."*

In der Oststeiermark seiner Kindheit war der Obstbau wegen des günstigen Klimas stark im Kommen. Bienen gab es bei jedem Kleinbauern auf den Hügeln und auch bei einigen Talbauern. Die Bienen waren im „Sumpa" (Strohkorb) untergebracht und hatten ihren Platz an der Hauswand unter dem weit ausladenden Strohdach. Bei den neuartigen Ziegelhäusern war unter dem Dach kein Platz, die Bienenkörbe standen auf der Bienenbank im Obstgarten. Dazu wurden Pflöcke eingeschlagen und Stangen daran befestigt. Die Körbe wurden darauf gestellt mit Stroh abgedeckt und mit einem Fassreifen befestigt. Diese Form der traditionellen Bienenhaltung stammte noch aus der Zeit der Leibeigenschaft, bei der die unfreien Bauern Honig und Wachs an Kirche und Adel abzuliefern hatten. Seit der Aufhebung der Leibeigenschaft im Jahre 1848 hatte sich nur wenig verändert. Größere Imker, die bereits mit mobilen Bienenstöcken arbeiteten, gab es in der Zeit zwischen den beiden Weltkriegen in der Oststeiermark nur vereinzelt. Andere Regionen waren hier bereits viel weiter. Die Bienenhaltung war extensiv: Die Tätigkeit des Imkers bestand darin, Schwärme zu fangen, sie in Strohkörben unterzubringen und sie dann auf die Bienenbank zu stellen. An bestimmten Lostagen wurde geerntet. Es wurden also Honigwabenstücke herausgeschnitten und in Töpfen erhitzt. Der durch Erwärmen und Pressen gewonnene Honig wur-

Johannes Gruber (rechts hinten), daneben sein Neffe Martin mit seinen Söhnen Anton und Georg und Josef Gruber sen.

de zu Met und das Bienenwachs zu Kerzen verarbeitet. Gefüttert wurden die Bienen im Spätherbst nicht. Als die ersten „Lebzelter“ (gewerbliche Honigeinkäufer) auftauchten, war die Ernte von einzelnen Waben zu Ende. Die Lebzelter fuhren mit ihren Pferdewagen von Haus zu Haus und feilschten um die schwersten Bienenkörbe. War man handelseins geworden, wurden die Bienen mit Schwefelrauch abgetötet und der gesamte Inhalt des Bienenkorbes mit Honigwaben, Brut und toten Bienen in die mitgebrachten Holzbottiche gestopft. Zurück in ihren Werkstätten wurde das Gemisch dann zu Met und Bienenwachs verarbeitet. Eigene Honigschleudern besaßen nur die fortschrittlichen Imker.

Geboren in einer Zeit, als Landwirtschaft noch großteils der Versorgung der eigenen Familie diente, hatte Josef Gruber bald nach der Übernahme des Hofes im Jahre 1961 den Weg der fortschrittlichen Produktion eingeschlagen. Aus einem Bauern war ein Obstproduzent und Geflügelzüchter geworden, aus dem Besitzer einer Bienenhütte ein Wander- und Erwerbsimker. Eine Erfolgsgeschichte, ermöglicht durch viel Fleiß und Konsequenz.

Der große Bruch mit der landwirtschaftlichen Tradition in der Oststeiermark kam etwa um 1960, als die ersten Monokulturen von Mais auftauchten und die Anbaufläche sich innerhalb von nur zehn Jahren vervierfachte. Diese Veränderungen in wenigen Jahren waren weit bedeutender als alles, was in einem Jahrhundert vorher – seit der Bauernbefreiung im Jahre 1848 – geschehen war. Die alte Generation der Bauern verschwand. Landwirte übernahmen die Höfe. Die Einkommen stiegen. Doch die Industrialisierung der Landwirtschaft hatte auch ihre Schattenseiten. Aufgrund der notwendigen Investitionen stiegen die Schulden und der Verbrauch an Kunstdünger und Spritzmittel. Intensive Haltung von Schweinen und Geflügel, intensiver Obstbau wurden von Betriebsberatern empfohlen und durch Beihilfen finanziert. *„Und die neuen Landwirte investierten brav …“*, wie man damaligen Fachmedien entnehmen kann. Die neuen Landwirte verstrickten sich immer weiter in ein Netz von finanziellen Abhängigkeiten. Die regionale Identität ging verloren. Die Produkte, die auf den Markt kamen, hatten sich mit denen auf dem Agrar-Weltmarkt zu messen, natürlich auch in Hinsicht auf den Preis. Starke Veränderungen machten sich auch in den Agrarlandschaften bemerkbar.

Das letzte Jahrhundert Agrargeschichte aus Sicht der Honigbiene liest sich freilich anders. Der

Johannes Gruber hat das Imkerhandwerk von seinem Vater Josef gelernt.

wirtschaftliche Aufschwung der Landwirte war zum Fluch für sie geworden und die Welt, in der sich die Bienen wiederfanden, hatte sich innerhalb weniger Jahre völlig verändert: Wiesen und Hecken waren verschwunden. Felder zusammengelegt, die Wegränder und Obstzeilen freigespritzt mit Roundup, einem Herbizid. Die Völker wurden schwächer. Die Pflanzenschutzmittel kamen ins Gerede. Später kam dann noch die Varroamilbe. Mit diesem tödlichen Parasiten hatten die heimischen Bienen im Laufe der Evolution keine Bekanntschaft gemacht, da er erst 1983 in Mitteleuropa eingeschleppt wurde. Die Honigbiene war wehrlos und ist es bis heute geblieben.

Bienen waren jahrhundertelang unverzichtbarer Teil eines jeden landwirtschaftlichen Betriebes und aus dem Selbstverständnis der Bauern nicht wegzudenken. Mit zunehmender Spezialisierung blieben viele dieser Selbstverständlichkeiten, wie etwa auch die Fruchtfolge, auf der Strecke. Vielen erfolgreichen Landwirten war der Blick für das Ganze abhandengekommen.

Sehr lange diente Imkerei überwiegend der Selbstversorgung, Überschüsse wurden meist lokal abgesetzt.

Ein Bereich der Landwirtschaft hatte sich jedoch weitgehend der Industrialisierung entzogen: die Imkerei. Bienen fanden sich fast auf jedem Bauernhof. Die Imkerei diente überwiegend der Selbstversorgung, Überschüsse wurden meist lokal abgesetzt. Die ersten Erwerbsbetriebe entstanden um 1960. Erstmals gelang es fortschrittlichen Imkern, größere Honigmengen zu ernten. 1986 führten im Marchfeld die Honigernten von neuen Feldkulturen wie Raps und Sonnenblume zu einer Verdreifachung der Erntemenge. Es kam zur Gründung von Honiggenossenschaften, um die Mengen auch überregional vermarkten zu können. Voraussetzung aber für wirtschaftlich geführte Bienenhaltung war stets die Wanderimkerei.

Bienentränke

Josef Gruber erledigte den Transport seiner Bienen anfangs noch mit dem Lkw eines Frachtunternehmers, später mit dem inzwischen angeschafften eigenen Traktor und einem großen Anhänger. Das gesamte Material wie Waben, Zargen und Honigkannen hatte mit den Bienen Platz auf der Ladefläche zu finden. Leerwaben wurden gut abgedeckt bei den Bienenständen gelagert, um einen Befall mit den gefürchteten Wachsmotten zu vermeiden. Die Reise dauerte meist die ganze Nacht, der damalige Straßenzustand in Verbindung mit dem schlecht gefederten Anhänger verursachte den Bienen ordentlich Stress. Geerntet wurde dann mit einer Kurbelschleuder, die vier Waben auf einmal entleeren konnte. Das Drehen der Kurbel war – wie konnte es anders sein – Kinderarbeit. Der Honig tropfte in kleinen Rinnsalen von der entdeckelten Wabe, er klopfte in feinen Tröpfchen an die Wand der Schleuder, er floss in einem kleinen, runden Strom in das Sieb, zog Fäden in den darunterliegenden Kübel und ergoss sich in einem breiten Strahl in die Lagerkanne.

In Jahren mit Melezitose-Honig bereitete die Ernte große Mühe. Da der Honig bereits in den Waben kristallisierte, glich das Schleudern der Reise einer Waschmaschine, deren Transportsicherung man zu entfernen vergessen hat: Sie hüpfte durch den ganzen Raum. Am Ende des Ernteversuches waren die Waben noch voller Honigkristalle und der wenige Honig, der austrat, verstopfte rasch das Sieb. Wenn man die Schleuder mit Schrauben im Boden befestigte, war zwar die Wanderung der Schleuder unterbunden, das Problem der vollen Waben aber blieb. Zur wöchentlichen Nachschau bei den Bienen brachte Josef Gruber stets zwei leere Honigkannen mit dem Motorrad zu seinem Wanderbienenstand, war seine Frau Anna mit auf der Reise, fand nur eine Kanne Platz. Leerfahrten waren ihm zuwider. *„Wir hatten gute Jahre, da tropfte der Honigtau von den Fichtenzweigen. In schlechten jedoch fand man keine Läuse, die Nadeln blieben trocken, nur da und dort mit Zucker glasierte Nadeln, eingetrockneter Zuckerguss“*, erinnert sich seine Frau. Auch ihr Vater hatte schon eine Bienenhütte. Sein Leitspruch war: *„Ich geb ihnen nix und ich nehm ihnen nix – nur zuschauen.“*

Auch noch andere Bewohner des Waldes profitierten von den üppigen Honigjahren. Die Kolonien der Roten Waldameisen waren im Laufe der Jahre immer stärker geworden, wie kleine Vulkankegel ragten ihre Behausungen aus dem Boden des Nadelwaldes. Zusammen mit dem Honigtau boten die im Sommer nur sehr kurzlebigen Sammelbienen den Ameisen eine optimale Nahrungsgrundlage. Es kam vor, dass die Ameisen die Wächterbienen schwächerer Völker überrannten und ins Innere des Stockes eindrangen. Sie raubten Honig, Brut und Bienen. Schwache Jungvölker waren dem Tode geweiht.

Bei der Bienenarbeit war Essen Nebensache. Imkersgattin Anna schaffte es, ihrem Mann zwischendurch immer wieder einen Bissen Brot in den Mund zu stopfen. Das Bienennetz, das er nur trug, wenn die Bienen schlechte Laune hatten, machte die Nahrungsaufnahme etwas kompliziert. Anna Gruber resümiert: *„Jetzt trau ich es mir ja schon zu sagen, was ich mir damals gedacht habe: zuerst die Bienen, dann lange nichts, dann die Frau.“* Mit seinen 86 Jahren trägt Josef Gruber immer noch sein bewährtes altes Bienennetz, das – inzwischen, so wie er schon etwas in die Jahre gekommen – von zwei großen Löchern geziert wird. *„Das eine vorne, damit die Bienen hineinfliegen können und das zweite hinten, damit sie wieder herausfinden“*,

„Wir hatten gute Jahre, da tropfte der Honigtau von den Fichtenzweigen. In schlechten jedoch fand man keine Läuse, die Nadeln blieben trocken, nur da und dort mit Zucker glasierte Nadeln, eingetrockneter Zuckerguss.“

kommentiert der Altimker trocken. Darauf sein Frau: *„Dann kommt er heim – Auge geschwollen, grantig –, aber die Bienen dürfen alles.“*

Während der Winterruhe reicht den Bienen Zucker als Nahrungsquelle, da keine Brut aufgezogen und mit proteinreichem Blütenpollen versorgt werden muss. Daher erfolgte im Spätsommer, nach Ende der Waldtracht, die Rückreise ins Winterquartier und die Auffütterung mit Zuckerwasser vor Ort. Aus einem großen Fass auf dem Traktoranhänger wurde die Bienennahrung in kleine weiße Kübel zu vier Litern gefüllt. Ein weißer Deckel mit einem kleinen runden Sauggitter verschloss den Kübel. Die Kinder hatten die Gefäße einzeln zum Vater zu tragen, der an seinen Bienenstöcken hantierte. Er nahm ihnen den

Anton spricht gerne von den Bienen, spielt aber noch lieber mit seinen beiden grünen Fendt-Traktoren.

Kübel aus der Hand, stellte ihn mit dem Saugdeckel nach unten direkt auf die Bienenwaben. Dann wurde das Volk verschlossen und die Bienen konnten in Ruhe das Zuckerwasser in ihre Wabenzellen bringen. Der Traktor mit dem Zuckerwasser stand meistens etwas entfernt, um nicht sofort und nicht allzu viele Bienen anzulocken. Früher oder später wurde die süße Quelle dann doch entdeckt. Das hatte zur Folge, dass immer mehr Bienen kamen. Sie fingen sich in den Haaren der Kinder, setzten sich auf Kleidung und Schuhwerk, das inzwischen von Zuckerwasser getränkt war. In den Haaren waren Bienen besonders unangenehm, die Bienen wurden zornig, die Kinder panisch. Im Dunkeln krabbelten manche Bienen im Inneren der Hose an den Beinen hinauf. Ein Gefühl, das man als Imkerkind so schnell nicht mehr vergisst.

Waldhonig hat eine komplizierte Entstehungsgeschichte. Der ursprünglich pflanzliche Siebröhrensaft, der von Läusen aus den Nadelbäumen gefiltert und anschließend als Honigtau an die Bienen weitergereicht wird, durchläuft somit zweimal einen Insektenorganismus. Eine Vielzahl an Faktoren ist es, die durch ihr optimales Zusammenspiel eine Honigernte ermöglicht: ausgedehnte Nadelwälder, pflanzensaugende Insekten, starke Bienenvölker, gutes Flugwetter. Schlechtwetterphasen in dieser kurzen Zeitspanne von Mitte Juni bis Mitte Juli, in der der Nektar verfügbar ist, können zu einem völligen Ernteausfall führen.

Die weitere Honigverarbeitung war Sache der Frau des Imkers. Das Aufwärmen, das Abschöpfen des Schaumes, das Entfernen von angesäuertem Honig an der Oberfläche der Lagerbehälter, das Füllen, das Etikettieren. Das Honiggeld, die kleinen Einnahmen aus dem Direktverkauf, war ihr Haushaltsgeld. Größere Honigmengen verkaufte der „Koartoni", ein legendärer, bis weit über die Landesgrenzen bekannter Naturheiler. Er verstand es, verdrehte Knochen wieder einzurenken, und bot, je nach Leiden, seine gelbe, weiße oder schwarze Salbe feil. Die Patienten nahmen auf der Bank in der Stube Platz, während er, nachdem die schmerzende Stelle mit seiner Hand erkundet war, im Zimmer hinter der Wohnstube verschwand und mit der richtigen Salbe wiederkam. In der Küche war ein riesiger Stubenherd, ständig kochte Wasser über und zischte in unterschiedlicher Intensität. Die „Koartoni-Muada" hockte beim Herd, immer auf Neuigkeiten aus, und nebenbei ging der Honig über den Küchentisch. Die Bezahlung erfolgte immer in bar und die Verkaufsprovision war außerordentlich bescheiden. Zu jeder Bestellung erhielt der „Koartoni" zehn Prozent, zusätzlich als Naturalrabatt. Unvergessen wie die zahlreichen Bienenstiche der Kindheit ist der Geschmack von frischem Honig, der eben aus den Waben rinnt. Am besten schmeckten die Wachsdeckel, die die Zellen des reifen Löwenzahnhonigs verschlossen hatten. Sie wurden mit einer Gabel abgehoben, um den Austritt des Honigs zu ermöglichen. Dieses hellgelbe Wachs und der daran klebende frische Honig war der Kaugummi der Kindheit. Er wurde so lange gekaut, bis nur noch das reine, frische Bienenwachs im Mund verblieb.

Unvergessen wie die zahlreichen Bienenstiche der Kindheit ist der Geschmack von frischem Honig, der eben aus den Waben rinnt.

Und so hat es 70 Jahre Erfahrung in der Waldimkerei gebraucht, bis Josef Gruber sen., der Begründer der oststeirischen Imker-Dynastie, im Jahre 2015 im Naintschgraben seine beste Ernte pro Volk einfahren

konnte. Doch das Augenlicht wird schwächer. Die Bienenvölkerzahl muss alljährlich mit seiner Frau neu verhandelt werden und wird immer kleiner. Was bleibt: der Rückblick auf ein bewegtes Imkerleben und der Stolz, dass jene Tätigkeit, die ihm zeitlebens die liebste war, in der Familie weiterlebt. Irgendwie scheint die mit Bienenstichen übersäte Kindheit doch prägend für die spätere Berufswahl gewesen zu sein, denn Sohn Johannes führt, nach etlichen Lehr- und Wanderjahren, die Imkerei seit drei Jahren im Vollerwerb. Sohn Josef jun. führt die Landwirtschaft, Enkel Martin macht beides und Urenkel Anton spricht gerne von den Bienen, spielt aber noch lieber mit seinen beiden grünen Fendt-Traktoren.

Ob Konflikte beim gemeinsamen Arbeiten an den Bienenständen auftreten? Na und ob, und am ehesten dann, wenn der Vater zum x-ten Mal fragt, wie dieses oder jenes Bienenproblem zu lösen sei, und Sohn Johannes schon etwas genervt erwidert: *„Genau so, wie ich es von dir gelernt habe."*

Die mit Bienenstichen übersäte Kindheit ist prägend.

Was macht der Imker mit seinem Honig?

Naturbauwabe mit Weichkäse als Dessert

ZUTATEN
100 g Naturbauwabe
Gebirgswaldhonig Naintschgraben
100 g Weichkäse
aus Kuh-Rohmilch

„Ein Archetyp von einem Fichtenhonig aus tieferen Lagen: dunkelbernsteinfarben, Duft nach Orangenschalen, Wacholder, Weihrauch, am Gaumen Malz mit Aromen von Minze und Pfeifentabak, naturverpackt von den Bienen, in seligmachender Geschmackspartnerschaft mit Weichkäse."

JOHANNES GRUBER

WALDLANDSCHAFTEN

Wissenswertes

NATÜRLICHE WALDARTEN IM ALPINEN RAUM

Der Ostalpenraum war zur Römerzeit, also vor 2000 Jahren, über weite Gebiete dicht bewaldet. Diese Wälder bestanden allerdings nicht wie heute zu großen Teilen aus einheitlichen Fichtenforsten, sondern waren je nach Standort sehr unterschiedlich aufgebaut. Vor allem in stark gegliederten Landschaftsteilen bestand ein buntes Vegetationsmuster, das durch großflächige Rodungen verlorengegangen ist und nur noch in Resten besteht. Je nach natürlich vorherrschender Baumart können in den Ostalpen vom Rand zum Alpeninneren vier Zonen unterschieden werden: in den Randalpen die Buche, in den Zwischenalpen die Tanne, in den Inneralpen die Fichte und in den Zentralgebieten der Alpen mit extrem kontinentalem Klima die Waldkiefer.

VERBREITUNG DER BIENENTRACHTPFLANZEN IN WALDLANDSCHAFTEN

In Österreichs Wäldern ist die Fichte nahezu allgegenwärtig. Sie stellt aufgrund ihres raschen, geraden Wuchses, ihrer hohen Anpassungsfähigkeit an den Standort und ihre vielseitige Verwendbarkeit den „Brotbaum" der heimischen Forstwirtschaft dar. Sie kommt auf 87 Prozent der Waldfläche vor. Mehr als ein Drittel der österreichischen Wälder sind reine Fichtenwälder und dies obwohl der Fichtenanteil in den letzten Jahren kontinuierlich sinkt. Eine wesentlich geringere Verbreitung hat die Tanne. Die Weißtanne kommt lediglich in 24 Prozent der Wälder vor und nur in zehn Prozent bildet sie größere Bestände. Bergahorn hat ebenfalls eine weite Verbreitung, tritt jedoch meist nur als Einzelbaum in Erscheinung. Meist findet man Bergahorn in Verjüngungszonen des Waldes mit einer Wuchshöhe von weniger als 1,3 Metern. Die jungen Pflanzen werden häufig Opfer von Wildverbiss. Nur selten erreicht ein Bergahorn die Baumschicht. Vogelkirsche und Faulbaum kommen jeweils etwa in einem Zehntel der Wälder vor. Von den Sträuchern kommt Heidelbeere am häufigsten vor und findet sich in etwa 50 Prozent der Wälder Österreichs. Etwas seltener vorkommend sind Himbeere und Brombeere: beide jeweils in etwa einem Viertel der Wälder.

SYMBIOSE MIT AMEISEN

Waldameisen leben in Symbiose mit Pflanzensaugern. Sie bieten den Läusen Schutz vor Fressfeinden und erhalten süßen Honigtau als Lohn, eine der Hauptnahrungsquellen in den Sommermonaten. Gegenden mit großen Populationen der Roten Waldameise sind oft auch interessante Waldtrachtgebiete. Krabbeln Ameisen auf Stämmen und Zweigen von Fichten und Tannen, so weist dies häufig auf die Anwesenheit von Honigtauerzeugern hin.

SEKUNDÄRE NADELWÄLDER

Unter sekundären Fichtenwäldern versteht man künstliche Monokulturen in Regionen, in denen ursprünglich Laubmischwald beheimatet war. Durch verstärkte Sturmschäden und das Auftreten des Borkenkäfers ist die Problematik dieser Wälder in den letzten Jahren verstärkt zum Vorschein gekommen. Die Klimaerwärmung könnte dieses Problem noch verschärfen. Bei der Fichte sind schätzungsweise etwa 15 Prozent der Bestände sekundär, also außerhalb ihres natürlichen Vorkommens unterhalb einer Seehöhe von 500 Metern. Dies betrifft vor allem das oststeirische Flach- und Hügelland, die östlichen und nördlichen Randalpen sowie das Wald- und Mühlviertel. Bienen haben grundsätzlich kein Problem mit Fichte in Monokultur. Im Gegenteil: je schwächer die Fichte, umso stärker die Populationen von Läusen und die Erzeugung von Honigtau.

HONIGTAUERZEUGER UND SCHLUPFWESPEN

Erst die Massenentwicklung der pflanzensaugenden Insekten ermöglicht eine üppige Honigtauproduktion. Und wie bei jedem Massenzyklus schlafen auch die Fressfeinde nicht. Die Unzahl an Läusen im Wald bewirkt eine massenhafte Entwicklung ihres Erzfeindes, der Schlupfwespe. Und diese setzt mit dem Verzehr ihrer Nahrung auch ihrer eigenen Massenentwicklung ein Ende. Nur kurze Zeit nach dem Zusammenbruch der Läusepopulation bricht auch die der Schlupfwespen zusammen. Die Waldtracht ist zu Ende, das Summen im Wald verstummt für diesen Sommer.

DER NAINTSCHGRABEN – KLIMA

Der Naintschgraben liegt im illyrischen Klimaeinfluss mit hoher Luftfeuchtigkeit und Tendenz zu Gewittern und Starkregen. Der Jahresniederschlag beträgt etwa 1000 Millimeter mit einem Niederschlagsmaximum im Sommer. In dieser Zone gibt es nur geringe Einflüsse des kontinentalen Klimas und häufig starke Winde.

DER NAINTSCHGRABEN – GEOGRAFIE

Der Naintschgraben ist der südöstliche Ausläufer des Steirischen Almenlandes, des mit über 30.000 Hektar größten zusammenhängenden Almweidegebietes Europas. Das Gebiet wurde im Jahre 2006 zum Naturpark erklärt. Es umfasst die Sommeralm sowie die Teichalm und liegt im nordöstlichen Teil des Grazer Berglandes etwa 50 Kilometer von der steirischen Landeshauptstadt entfernt. Die gesamte Fläche liegt in einer Seehöhe von 500 bis 1700 Metern. Der Naintschbach entspringt in 900 Metern Seehöhe in der Gegend von Heilbrunn und fließt 30 Kilometer Richtung Südosten durch den engen Naintschgraben, ehe er knapp vor der Ortschaft Anger in die Feistritz mündet.

In Österreichs Wäldern ist die Fichte nahezu allgegenwärtig.

DER NAINTSCHGRABEN – VEGETATION

Das gesamte Gebiet des Almenlandes ist geprägt von weitläufigem subalpinem Weideland, Felsformationen und tiefeingeschnittenen Schluchten. Im tiefer liegenden Naintschgraben finden sich Viehweiden mit ausgeprägten Viehdriften, Grünlandbewirtschaftung und Waldlandschaften in extremer Steillage sowie Fichtenwälder mit Bergahorn. Auf Kahlschlägen und an Waldrändern sind häufig Himbeersträucher anzutreffen.

Die erste Begegnung mit der Waldtracht bleibt jedem Imker fest in Erinnerung: Summen im Wald, Kolonnen von Ameisen auf den Stämmen der Bäume, weißer Zuckerguss auf Fichtennadeln, Tropfen von klebriger Zuckerlösung auf dem Unterholz.

IMKEREI UND WALDLANDSCHAFTEN

Die erste Begegnung mit der Waldtracht bleibt jedem Imker fest in Erinnerung: Summen im Wald, Kolonnen von Ameisen auf den Stämmen der Bäume, weißer Zuckerguss auf Fichtennadeln, Tropfen von klebriger Zuckerlösung auf dem Unterholz. Es ist, als ob die Natur im Rausch des kurzen Gebirgssommers besonders freizügig ihre Ressourcen verschleudern würde. Die Waldtracht war immer schon begehrtes Ziel der Wanderimkerei. Die ergiebigsten Gebiete liegen meist in einer Seehöhe von 600 bis 800 Metern, in eng eingeschnittenen Tälern, in denen die Bienen mit ihrem Flugradius von vier Kilometern beide Talseiten erreichen können. Die Waldtracht beginnt in tieferen Lagen etwa Mitte Juni und schließt dort an die Obst- und Löwenzahnblüte nahtlos an. Waldstandorte in höheren Lagen über 1000 Meter Seehöhe haben meist nur wenig bis gar keine Honigtauproduktion. Da die Bienenstände meist im Waldschatten liegen und nur begrenzt Blütenpollen verfügbar sind, ist eine ganzjährige Aufstellung und Überwinterung von Bienen nicht zu empfehlen. Dazu kommt, dass der mineralstoffreiche Waldhonig als Winterfutter für die Bienen schlecht geeignet ist, da er schwer verdaulich ist und Darmkrankheiten verursachen kann. Die Waldhonigernte unterliegt großen Schwankungen. Wesentlich sind die Bedingungen: günstiges Flugwetter, starke Bienenvölker und ausreichend große Populationen von Honigtauerzeugern. Nur bei optimalem Zusammenspiel von allen drei Faktoren kann mit guten Ernten gerechnet werden.

Honige aus Waldlandschaften

Gibt es in den auf den folgenden Seiten genannten Haupttrachtpflanzen gerade nichts zu holen, weichen die Bienen gerne auf andere Pflanzen aus. Im zeitigen Frühjahr sammeln sie bereits Pollen an Bergulme, Haselnuss und Buschwindröschen sowie Spitzahorn, Pestwurz und Lungenkraut. Im Frühsommer blühen Mehl- und Vogelbeere sowie Heidel-, Him- und Brombeere. Vereinzelt finden sich auch Sommer- und Winterlinden oder in tieferen Lagen Edelkastanien. Es folgen Waldrebe, Wald-Ziest, Klebriger Salbei und Efeu. Letzterer liefert Pollen und Nektar bis weit in den September hinein. Weiters können in Waldrandlagen benachbarte landwirtschaftliche Grünlandflächen die Bienenweide noch zusätzlich mit Klee und Löwenzahn bereichern.

PICEA ABIES

FICHTE

lat. *Picea abies*

TANNE

lat. *Abies alba*

Die Weißtanne, lat. *Abies alba,* zählt wie die Fichte, lat. *Picea abies,* zur Familie der Kieferngewächse, *Pinaceae.* Die Weißtanne ist in Süd- und Mitteleuropa beheimatet. Sie bildet im Schwarzwald und in den Vogesen geschlossene Wälder. Weißtannen haben eine Pfahlwurzel im Gegensatz zu Fichten, die ein tellerförmig ausgebreitetes Wurzelsystem besitzen. Die Fichte ist Hauptbestandteil der mitteleuropäischen Wälder und ihr Vorkommen reicht bis nach Nordeuropa. Leicht unterscheidbar sind Tannen und Fichten anhand ihrer Nadeln und Zweige: Die Fichte hat viereckige Nadeln. Die Hauptverzweigungen führen nach oben oder unten. Die Tanne hat flache Nadeln und ausschließlich horizontale Verzweigungen. Beide Nadelhölzer sind Gymnosperme (Nacktsamer), die Samenanlagen liegen also frei auf den Fruchtblättern. Es fehlen Blütenblätter, Fruchtknoten und Narbe. Die Nadelhölzer sind zum größten Teil einhäusig, d. h. männliche und weibliche Blüten befinden sich auf denselben Individuen. Die männlichen Blüten bilden Zäpfchen, die eine große Zahl an Staubblättern mit Pollensäcken tragen. Die Bestäubung erfolgt durch den Wind. Der Pollen von Fichte und Weißtanne wird von je zwei Luftsäcken getragen, die das Schweben in der Luft und die Verbreitung erleichtern. Die Pollenproduktion beträgt bei der Fichte bis zu 600.000 pro Blüte. Zur Zeit der Waldblüte schweben gelbliche Pollenwolken über den Wipfeln, nach Regenschauern findet sich der Waldpollen auf dem Boden. Nadelholzpollen wird trotz der riesigen Produktionsmenge von Bienen selten gesammelt. Bei Fütterungsversuchen erwies er sich als bienenschädlich, da er ihre Lebensdauer verkürzt. Gute Waldhonig-

Fichtenhonig

Fichtenhonig zeigt sich in einer dunklen Bernsteinfarbe mit mattem Schimmer von Rot und Braun. Der Geruch ist intensiv nach schwarzem Pfeffer, Wacholder und Weihrauch. Mittlere Süße, Malzgeschmack nach gerösteter Gerste. Kaum Säure, kein Bitterton. Lang anhaltend am Gaumen. Dieser Honig ist Kindheitserinnerung von vielen: eine Scheibe duftendes, frischgebackenes Schwarzbrot, frische Almbutter und darüber dunkler Waldhonig.

ABIES ALBA

Standorte für Bienen finden sich vor allem in Mittelgebirgslagen, in höheren und inneralpinen Lagen honigen die Nadelgehölze nur selten und meist nicht sehr ergiebig. In Mitteleuropa ist die Fichte der forstwirtschaftlich am intensivsten genutzte Baum. Die Gründe dafür sind der gerade Wuchs, das rasche Holzwachstum, die geringen Ansprüche an den Standort sowie die vielseitige Verwendbarkeit des Holzes. Fichtenholz findet Verwendung in der Papier- und Zellstoffindustrie und als Bau- und Möbelholz. Besonders wertvolle Hölzer von langsam gewachsenen Bäumen aus dem Hochgebirge werden auch für den Bau von Tasten-, Zupf- und Streichinstrumenten verwendet. Von großer Bedeutung sind die Nadelhölzer auch in Bannwäldern, die Siedlungen in hochalpinen Gebieten vor Lawinen und Steinschlag schützen.

Tannenhonig

Honige von der Tanne sind dunkelbernsteinfarben mit grünlichem Schimmer und wenig Tendenz zur Kristallisation. Duft nach Balsamessig, Harz und sonnengerösteten Fichtennadeln. Lang anhaltend am Gaumen mit verdeckter Süße, Würze von Harz bestätigt den Geruchseindruck, mittlere Süße ohne Säure und Bittertöne. Im Finale Malz und Karamell, langer Abgang. Honigtauhonige von Fichte und Tanne, oft vereinfacht als „Waldhonige" bezeichnet, stellen schon aufgrund ihres botanischen Ursprungs eine Besonderheit dar und zählen zu den geschmacklich komplexesten Kreationen der Honigbiene. Sie entwickeln durch mehrjährige Lagerung auch interessante Reifearomen. Meist bleiben Waldhonige sehr lange in flüssiger Konsistenz. Bei einem hohen Gehalt am Mehrfachzucker Melezitose kann es allerdings zu einer sehr raschen Kristallisation, oft noch vor der Ernte, in den Waben kommen. Analytisch unterscheiden sich Waldhonige durch die Anwesenheit von Rußtaupilzen und Algenzellen bei gleichzeitig geringem Pollengehalt. Ein weiteres Kennzeichen ist eine hohe elektrische Leitfähigkeit, bedingt durch einen hohen Gehalt an Mineralstoffen, insbesondere Kalium. Waldhonige haben weiters einen hohen Gehalt an phenolischen Komponenten und eine hohe oxidationshemmende Aktivität. Sie hemmen somit die Freisetzung von freien Radikalen. Diese Eigenschaft wird auch an Manukahonig (neuseeländischer Honig mit hoher antibakterieller Aktivität) sehr geschätzt.

Waldhonig erfreut sich in den Ländern der Nordalpen wie Schweiz, Deutschland und Österreich einer hohen Wertschätzung, in Italien hält sich seine Beliebtheit allerdings in Grenzen. Der Grund dafür ist eine häufige Verwechslung des hocharomatischen Waldhonigs mit Metcalfahonig, der im Farbton ähnlich ist, Waldhonig jedoch geschmacklich nicht das Wasser reichen kann. Metcalfahonige werden von den Bienen aus dem Honigtau der Bläulingszikade (lat. Metcalfa pruinosa) erzeugt und sind vor allem in Norditalien sehr verbreitet. Neben Honigtau von Fichte und Tanne sind an Waldhonigen häufig auch Nektarquellen von Blütenpflanzen wie Himbeere oder Heidelbeere beteiligt. Bienenwirtschaftlich sind Waldhonige von größter Bedeutung für den gesamten Alpenraum.

BERGAHORN

lat. *Acer pseudoplatanus*

Der Bergahorn, lat. *Acer pseudoplatanus,* zählt zur Familie der Seifenbaumgewächse, *Sapindaceae*. Ahorn ist eine sehr alte Gattung, deren Vorkommen mit verschiedenen Arten bereits im Alttertiär, also vor etwa 240 Millionen Jahren, in Europa und Amerika nachweisbar ist. In der Bronzezeit wurde das weiße und harte Ahornholz zur Herstellung von Werkzeugen genutzt. Heute zählt es wegen seiner Härte und dennoch guten Bearbeitbarkeit zu den Edellaubhölzern. Einige der 115 Ahornarten, vor allem Zuckerahorn, lat. *Acer saccharum,* führen Milchsaft, der sich durch einen sehr hohen Saccharoseanteil von mehr als fünf Prozent auszeichnet und zur Produktion von Ahornsirup genutzt wird. Zahlreiche exotische Ahornarten sowie die heimischen Arten Spitz- und Bergahorn werden bei uns als Zierpflanzen kultiviert. Der Bergahorn ist an seiner abschuppenden, hellen Borke leicht zu erkennen. Das Laub nimmt bereits im Spätsommer eine helle Farbe an. Die Bäume werden an günstigen Standorten bis zu 30 Meter hoch und können ein Alter von 600 Jahren erreichen. Ab dem 30. Jahr setzen die Bäume Blüten an. Hauptverbreitungsgebiet sind die kühlfeuchten Mittelgebirgslagen, die Höhengrenze liegt in den Nordalpen bei 1700 Metern. Bergahorn kommt auch im Tiefland in feuchten Gräben vor und bildet gemeinsam mit Esche und Bergulme die sogenannten Schluchtwälder. Die langen Wurzeln wirken bodenfestigend und verhindern Erosion. Die Blüten erscheinen kurz nach den Blättern Ende April bis Mitte Mai. Der Blütennektar sammelt sich in großen Tropfen am Nektarium und ist allen Insekten zugänglich. Die Pollenproduktion des Bergshorns ist schwach und wird von den Bienen in grünlichen Höschen gesammelt. Mit etwa fünf Prozent Stickstoffgehalt haben Ahornpollen einen mittleren Nährwert für die Bienen.

Bergahornhonig

Bergahornhonig ist meist Teil von Waldhonigen aus höheren Lagen, in denen die Pflanzen größere Bestände bilden. In Jahren mit ausbleibender Waldtracht kann der Ahorn-Anteil hoch sein. Reinsortig sind Bergahornhonige jedoch selten anzutreffen. Ahornhonige sind hellgelb, mild in Geschmack und Aroma und kristallisieren feinkörnig zu einer weichen Paste. Beim Bergahorn kann während der Blüte auch eine Besiedelung mit Blattläusen vorkommen, wobei in diesem Falle die Bienen zusätzlich zum Blütennektar auch Honigtau von den Läusen sammeln. Nicht zu verwechseln ist Ahornhonig mit Ahornsirup. Bei Letzterem wird der Siebröhrensaft von Ahornbäumen vom Menschen entnommen und zu Sirup eingedickt.

Alpen

Oberinntal

N

„Während im Tal die Zeit der Sommersonnenwende schon auf die zweite Jahreshälfte weist, beginnt dort oben der Frühling."

HEINRICH GRITSCH

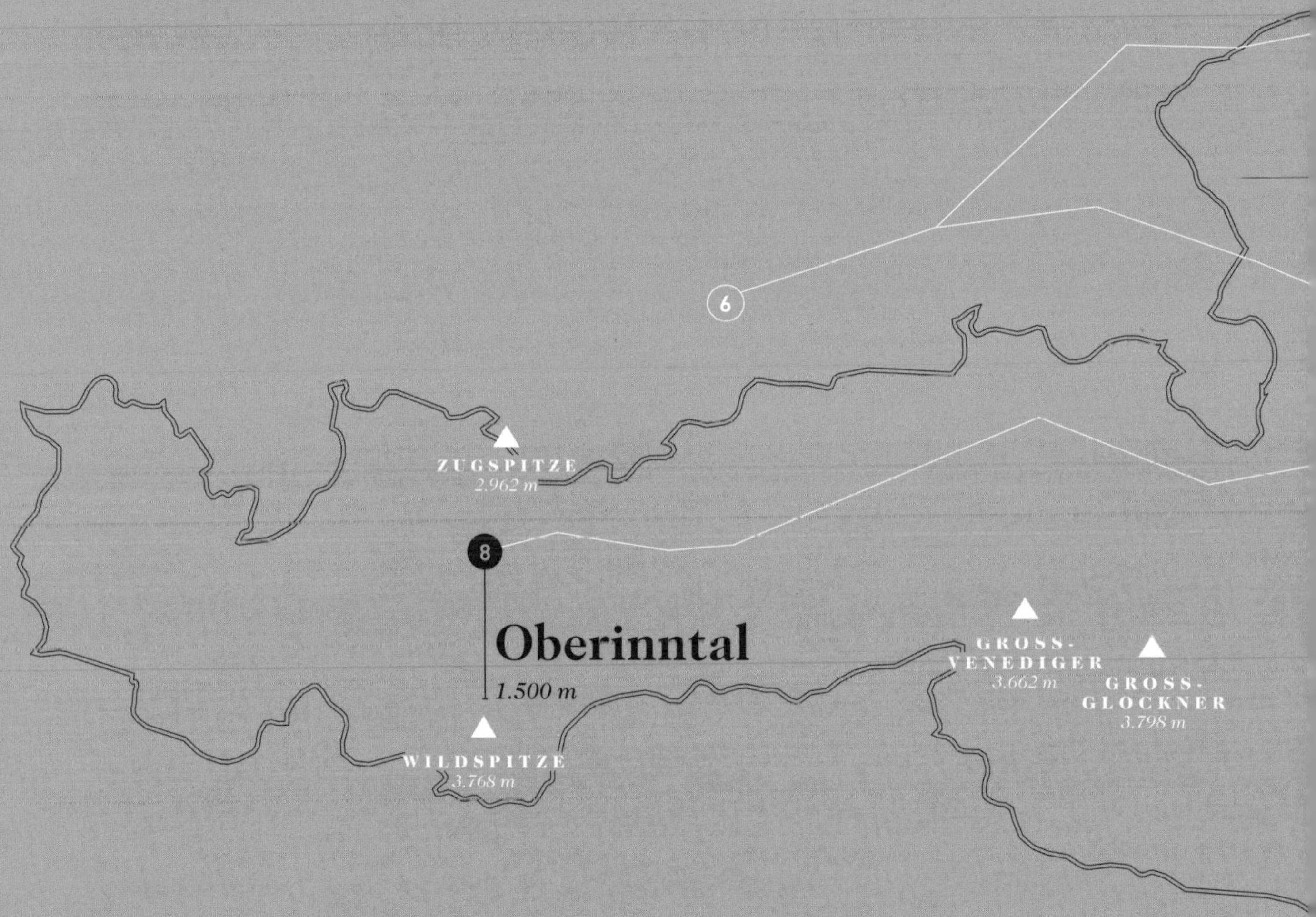

Alpenrosen im Hochgebirge

AM BEISPIEL

OBERINNTAL

Bilder von Alpenrosen im Hochgebirge bleiben unvergessen. Die Pflanze gilt als wichtige Nahrungsquelle für Insekten in dieser extremen Zone. Bienen erzeugen aus ihrem Blütennektar einen einzigartigen Honig.

Heinrich Gritsch

TIROL

Wie Heinrich Gritsch Honigraritäten aus der atemberaubenden Kulisse des Hochgebirges erntet und warum Araber Tiroler Honig kaufen.

Heinrich Gritsch, 64 Jahre alt, eine großgewachsene, sportliche Erscheinung, führt zu seinen Bienenständen. Sie sind in mehreren Stationen in unterschiedlichen Höhenlagen auf einem Berghang verteilt. Die erste ist im Garten, direkt hinter seinem Wohnhaus. Ein Schaubienenkasten zeigt seinen zahlreichen Besuchern das rege Treiben im Inneren eines Volkes. Daneben hat er einen Bienenlehrpfad errichtet, dessen Informationstafeln er selbst gestaltet hat. Die Bienen haben schlechte Laune an diesem Tag, nach einigen Stichen greift der Imker dann doch zu seinem Bienenschutz und kommentiert lakonisch: *„Mit den Stichen spüre ich im Sommer die Arthrose in den Zehen weniger.“*

Der Weg zum nächsten Stand führt an seiner ehemaligen Schule im Stift Stams vorbei. Von hier geht die Reise weiter über eine schmale Bergstraße, die sich in unzähligen Serpentinen nach oben schraubt, teils Höhenlinien folgend, dann durch Gräben, dann steil aufwärts über Kuppen, dabei unzählige Bäche überquerend. Sie endet bei einer alten Kapelle, die reichlich mit Blumen geschmückt in das klarste und hellste Morgenlicht gerückt scheint, das ein Sommer im Gebirge vermag. Mächtige Fichten strecken ihre dunkelgrünen Zweige in das blasse Blau des Himmels. Daneben aufgereiht wie eine Perlenkette die Bienenstöcke. Ein riesiger Nussbaum flankiert den Bienenstand am anderen Ende. Der Blick schweift auf das unter uns liegende prächtige Panorama des Oberinntals. Auf der gegenüberliegenden Seite des breiten, von eiszeitlichen Gletschern geformten Tales sind die mächtigen Erscheinungen der Mieminger Gebirgskette teilweise noch von Schnee bedeckt. Ein kurzer Blick zu seinen Bienen und wie selbstverständlich wird die Arbeit pünktlich um 11.30 Uhr unterbrochen. Seine Frau Burgi wartet schon mit dem Mittagessen auf uns. Nach dem Tischgebet folgt die Suppe. Ein wunderbares Tiroler Dessert beendet das gemeinsame Mahl.

Die Ernten von Wald- und Blütenhonigen aus den tieferen Lagen sind für Tiroler Imker von großer Bedeutung. In manchen Jahren können sie aber auch komplett ausfallen. Dann ist es gut, wenn ein Teil der Bienen ab Ende Mai im Hochgebirge in der Alpenrose steht. *„Dort oben in 1500 Meter Seehöhe muss man besonders darauf achten, dass der Platzvorrat im Bienenvolk genau passt. Falls möglich, kann man volle Honigwaben gegen leere austauschen, man muss aber auf jeden Fall genügend Futtervorrat in den Völkern belassen. Und keinesfalls darf zu viel leerer Raum im Bienenstock sein“*, so der erfahrene Imker. In dieser Höhenlage könne von einem Tag auf den anderen

Bienenwachs

Schnee fallen und die Bienenvölker, die zu diesem Zeitpunkt des Jahres den Höhepunkt ihrer Entwicklung bereits überschritten haben, könnten den Raum nicht mehr ausfüllen. In einem nicht voll mit Bienen besetzten Raum bilde sich bei extrem kaltem Wetter oder auch in kalten Nächten Kondenswasser, das vom Honig aufgenommen werde und diesen verwässere.

In der zweiten Junihälfte ist die Alpenrosentracht meist schon zu Ende und die Bienen werden wieder zurück auf ihre Überwinterungsplätze in tiefere Lagen gebracht. Beim Anheben der Völker schlage die Stunde der Wahrheit. *„Oft ist der Honigertrag sehr gut, oft aber war der Weg umsonst: Schlechtwetter, Hagelschlag, Raureif, Schnee“*, fasst Gritsch seine Bienenabenteuer im Hochgebirge zusammen.

Seine Imker-Geschichte beginnt so: Aufgewachsen ist Heinrich Gritsch auf einem Bauernhof. Es war eine kleine Landwirtschaft und wie in dieser Zeit üblich, mussten die Kinder bei der Heuernte helfen. *„Neben der Wiese war eine Bienenhütte. Das hat mich schon von klein auf interessiert.“* Dann kam das Studium an der Pädagogischen Akademie und Gritsch wurde Lehrer in der Landwirtschaftsschule Imst. Teil des Schulbetriebes war

„Oft ist der Honigertrag sehr gut, oft aber war der Weg umsonst: Schlechtwetter, Hagelschlag, Raureif, Schnee.“

auch die Imkerei. Der Direktor, der bereits knapp vor der Pensionierung stand, suchte verzweifelt einen Nachfolger für die Leitung der hauseigenen Imkerschule. *„Es war keiner da, der es machen wollte, und da habe ich mir gedacht, ich versuche es halt. Wenn es nichts für mich ist, kann ich es ja wieder lassen“*, erzählt der mittlerweile pensionierte Pädagoge.

So war der Bauernsohn Heinrich Gritsch zu den Bienen gekommen. Sofort begann er sich intensiv für die Imkerei aus- und fortzubilden und bald schon hatte er die Leitung der Schule übernommen. Zwischenzeitlich hatte er sich auch schon die ersten eigenen Völker zugelegt. Um auch Vorträge über Imkerei in Vereinen halten zu können, absolvierte er eine Ausbildung als Wanderlehrer im Bieneninstitut in Lunz am See. Und das habe er bis heuer gemacht, 30 Jahre lang sei er von Verein zu Verein unterwegs gewesen. Aber: *„Weil ich ja beruflich Lehrer war, habe ich da-*

mit aufgehört. Aber wenn jemand zu mir kommt und etwas über Imkerei wissen will, dann helfe ich ihm immer noch gerne.“

Insgesamt fünf Jahre war er an der Landwirtschaftsschule als Lehrer tätig. Dort hat er seine Frau Burgi kennengelernt. Sie war seine Kollegin. Der weitere gemeinsame Lebensweg war bereits vorgezeichnet: *„Wir haben geheiratet und dann waren schon die Kinder unterwegs. Ich habe dann die Schule gewechselt, bin als Lehrer an die Volksschule in mein Heimatdorf Silz gekommen, habe das Haus gebaut und einen Bienenstand mit 120 Völkern errichtet. Mein Vater hat mir die Landwirtschaft übergeben. Dazu meine eigene Rolle als Vater. Es war eine anstrengende Zeit.“*

Honig ist rar und guter Honig wahrer Luxus. Die meisten ihrer Honige verkauft die Familie Gritsch ab Hof. Sie beliefern aber auch einige Berghütten. Vor etwa vier Jahren sind Araber auf einer dieser Berghütten eingekehrt und haben Honig gekauft. Nach ein paar Tagen sind sie wiedergekommen, um den ganzen Vorrat mitzunehmen. Und über Instagram dürfte sich verbreitet haben, dass es hier guten Honig gibt. Denn seither kommen alle Araber, die in der Region Urlaub machen, zur Familie Gritsch, um Honig zu kaufen. *„Einmal am Tag, an manchen Tagen sogar zweimal, kommt ein Auto vorgefahren, Gruppen und ganze Familien aus verschiedenen Ländern: Abu Dhabi, Saudi-Arabien, Bahrain. Wir haben uns ziemlich gewundert, warum.“* Und vor kurzem habe einer von ihnen zu Heinrich Gritsch gesagt: *„You are a famous man in Arabia!“* Irgendein Journalist hatte einen Zeitungsartikel geschrieben und seitdem kämen noch mehr Honigkäufer. Und das sei lustig, denn die Araber hätten ganz andere Kaufgewohnheiten als wir. *„Also wenn ich wohin einkaufen gehe und ich brauche drei Semmeln, dann kaufe ich drei Semmeln und gehe“*, so der Imker. Und die kämen und sagten: *„Hello, do you have honey?“* Von der Gruppe kämen meistens zwei, drei Männer mit rein und fragten immer dasselbe: *„Which is the best?“* Und dann kosten sie. Eine halbe Stunde sei da nichts. *„Die kosten einmal. Und dann kosten sie wieder. Dann können sie sich erst recht nicht entscheiden und holen die Frauen aus den Autos.“* Meist gehe es eine Zeitlang hin und her. Entscheiden täten dann meistens die Frauen. Zuerst sei die Adresse falsch gewesen, das Navi habe die fremden Besucher stets zu einem Nachbarn gelotst und der habe sich schon gedacht *„Was wollen die alle von mir?“*

„Mit Honig ist es wie mit Wein, der schmeckt auch jedes Jahr anders.“

Für die Araber sei das wohl ein Einkaufserlebnis. *„Die kaufen natürlich auch ein bisserl die Geschichte mit“*, meint seine Frau Burgi. Es gebe auf der Arabischen Halbinsel fast keine Bienen, weil es zu heiß sei. Nur Honig von Wildbienen im Gebirge werde geerntet und der sei sehr teuer – Honig zähle zu den wahren Schätzen Arabiens –, *„mehr als 200 Euro das Kilo!“*. Und die Imkerin weiter: *„Aber echt fein, wenn man das alles sieht und die fremden Kulturen kennenlernt, das ist schon sehr schön.“* Es mache auch Unterschiede, aus welchen Ländern sie kämen, die Frauen aus Bahrain und Oman seien nicht immer verschleiert, die seien offener. Man könne sagen, Honig verbinde die Völker.

In ganz Tirol gebe es vielleicht zwei oder drei Vollerwerbsimker, nur einer davon habe über 1000 Völker. Dafür sei der Honigpreis hier höher, weil es wenig Honig gibt und wegen der Touristen. Burgi Gritsch: *„Ich glaube, wir haben einen sehr guten Honig. Mit Vielfalt drin. Wir schleudern nur einmal pro*

Sonnenwachsschmelzer

Entdeckelung des Honigs

Klären des Honigs mit Teigschaber

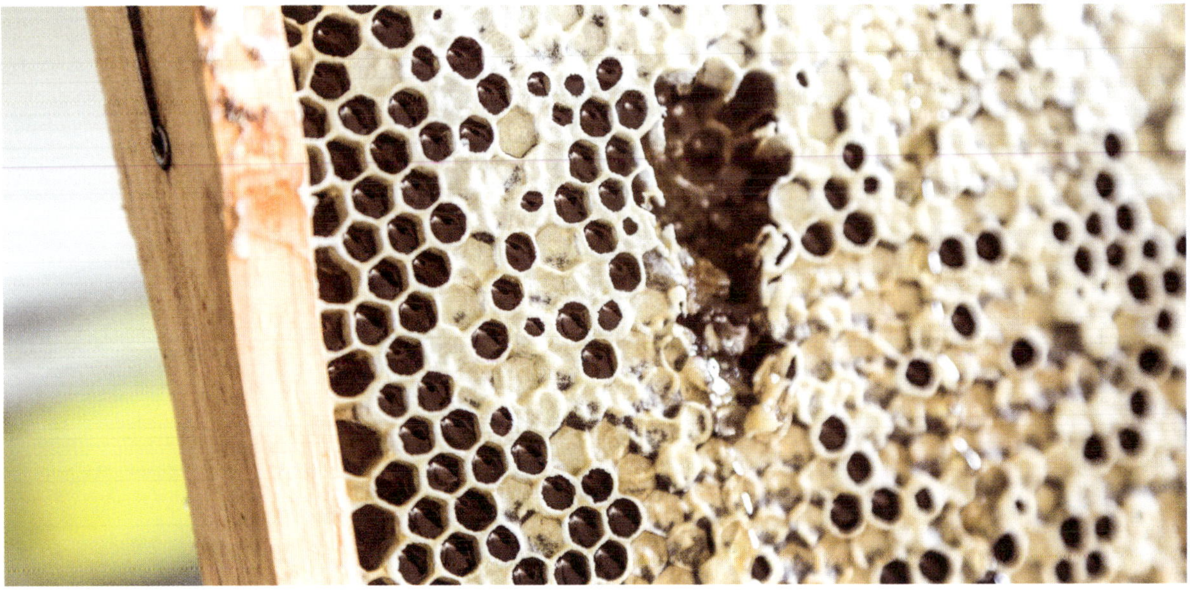

Jahr. Wir trennen die Sorten nur in manchen Jahren, weil die Leute nach Alpenrosenhonig fragen. Aber in den meisten Jahren ist die Ernte so klein, dass es sich nicht auszahlt, ihn separat zu ernten. Da bleibt alles drin.“ Da sei die ganze Vielfalt im Glas. Tiroler Honig schmecke anders. Und weiter: *„Mit Honig ist es wie mit Wein, der schmeckt auch jedes Jahr anders.“* Bei ihnen habe es zum Beispiel heuer sehr viel geregnet. Aber trotzdem sei die Ernte gut gewesen. Das sei eigentlich nicht normal, so etwas habe sie noch nie erlebt. Normalerweise dauere es nach dem Regen drei Tage, bis es mit dem Nektarsammeln wieder losgehe. *„Heuer sind die Bienen gleich nach dem Regen schon wieder vollbepackt in den Stock zurückgekommen“*, freut sich die Imkerin.

Früher waren unter den Imkern nur ältere Leute, aber jetzt seien viele junge nachgekommen. Die Kurse seien überbelegt. Und es sei schön, dass etwas, was man aufgebaut hat, weitergeführt werde. Der älteste Imker bei ihnen im Verein sei 92 und habe keinen Nachfolger. Das sei schon traurig. Heinrich Gritsch resümiert seine jahrzehntelange Erfahrung als Bienenpädagoge folgendermaßen: *„Wenn junge Leute anfangen, soll man ihnen nicht zu viel dreinreden. Jeder soll seine eigenen Völker haben und man soll nur helfen. Jeder ist sein eigener Boss und es braucht viel Erfahrung und viel Wissen. Und für die jungen Imker ist es wichtig, dass jemand da ist, der das Wissen hat und sie berät. Es gibt natürlich auch solche Imker, die nicht verraten, wie sie mit ihren Bienen arbeiten. Ich habe das nie gemacht. Geheimnisse zu haben finde ich nicht richtig. Es gibt genügend Platz für neue Imker, denn Honig gibt es immer zu wenig.“*

„Ich war ja auch Bauer, aber im Vergleich dazu denke ich, ein Imker empfindet die Natur viel intensiver“, ist Heinrich Gritsch überzeugt. Der Imker sei von Witterungsbedingungen noch abhängiger als der Bauer. Der Imker müsse immer sofort reagieren und wissen, was zu tun sei. Noch besser sei es, wenn er es schon im Voraus wisse. Auf jeden Fall sollte er gleich erkennen: Was braucht das Volk, wo kann ich helfen. Jedes Volk müsse man individuell beobachten und behandeln.

„Jetzt bin ich in der Pension und wir reduzieren alles auf das Leben, das wir so haben. Es gibt nicht nur die Bienen und die Arbeit, es muss auch Zeit zum Leben geben“, so der Imker. Ein Sohn von ihm habe schon Bienen übernommen und auf Bio-Imkerei umgestellt. Der zweite spreche auch schon davon und er werde sich langsam zurückziehen. Ob das Loslassen von den Bienen traurig mache? Heinrich Gritsch: *„Nein, gar nicht – alles hat seine Zeit. Aber wenn ich noch einmal jung wäre, ich würde es sofort wieder machen.“* Seine Frau Burgi: *„Mir geht es noch nicht so gut dabei. Das Loslassen ist schon ein Prozess. Die Bienen haben uns das ganze Leben lang begleitet.“*

Was macht die Imkerin* mit ihrem Honig?

Tiroler Kirchtagskrapfen

ZUTATEN

400 g Weizenmehl
Salz
50 g Butter
2 Eier
1 EL Rum
Butterschmalz zum Backen
Staubzucker zum Bestreuen

FÜLLUNG

250 g Dörrbirnen
150 g Mohn, gemahlen
2 EL Preiselbeermarmelade
150 g Alpenrosenhonig
20 ml Rum
Zimt und Nelkenpulver, gemahlen
Schale von 1/4 Zitrone, unbehandelt

ZUBEREITUNG

Mehl, Salz und zerlassene Butter, Eier und lauwarmes Wasser zu einem weicheren glatten Teig kneten. Etwa 4 gleich große Stücke einzeln so lange kneten, bis der Teig glatt und seidig erscheint. Nach dem Rasten werden sie auf einer bemehlten Arbeitsfläche zu sehr dünnen Blättern ausgewalkt. Auf ein Teigblatt mit einem kleinen Löffel in regelmäßigen Abständen die Fülle verteilen und mit einem zweiten Teigblatt bedecken. Die zwei Teigblätter werden zwischen der Fülle leicht angedrückt und mit einem Krapfenradl in Quadrate geteilt.

Für die Fülle die Dörrbirnen kochen, faschieren und mit den restlichen Zutaten mischen. Das Fett erhitzen und die Tiroler Kirchtagskrapfen darin schwimmend goldbraun backen, abtropfen lassen und mit etwas Staubzucker bestreut servieren.

Dazu wird Nuies Schmalz serviert, das dick mit Alpenrosenhonig übergossen wird.

NUIES SCHMALZ

1/2 l Milch salzen und in die kalte Milch 2 gehäufte Esslöffel glattes Weizenmehl unter ständigem Rühren einkochen, bis die Masse dick wird. Das Schmalz vom Herd nehmen und weiterrühren, bis es abgekühlt ist. Während des Abkühlens wird je nach Geschmack Almbutter eingerührt.

** Rezepte von Burgi Gritsch*

Was macht die Imkerin mit ihrem Honig?

Honigwaffeln

ZUTATEN

3 Dotter
150 g Honig
2 Pkg. Vanillezucker
Zitronenschale
3 EL Milch, Rum
3 Eiweiß
1 Prise Salz
160g Mehl
1/2 Pkg. Backpulver

Öl zum Backen

ZUBEREITUNG

Dotter mit Honig dickschaumig rühren, Vanillezucker, Zitronenschale, Milch und Rum unterrühren.

Eiweiß mit Salz steif schlagen. Mehl mit Backpulver sieben und abwechselnd mit dem Schnee in die Honig-Dotter-Masse unterheben. Waffeleisen vorheizen, mit Öl bestreichen, goldbraune Waffeln backen und mit dem Nuien Schmalz (Rezept S. 244), mit Eis oder Honigobers und frischen Beeren genießen.

„Honig kann man überall in der Küche verwenden, bei jedem Gericht halb Zucker, halb Honig. Für Obstsalat den Honig. Wir verwenden Zucker nur dort, wo ein Gericht gekocht wird. Denn ist es schade um den Honig, weil die Inhaltsstoffe verlorengehen. Aber Honig ins Apfelmus rühren ist schon fein. Oder auch zur Stärkung zwischendurch: Ein Butterbrot mit Honig essen wir noch immer gern.“

IMKEREI IM HOCHGEBIRGE

Wissenswertes

HOCHGEBIRGE – DEFINITION

Als Hochgebirge werden Zonen bezeichnet, die sich über die Waldgrenze hinaus erheben und die früher vergletschert waren oder es heute noch sind. Typisch für Zonen im Hochgebirge sind die frostbedingte Verwitterung und die ständige Abtragung des Bodens.

Trotz aller Veränderungen in der Landwirtschaft finden die Bienen in den Gebirgstälern ausreichend Nahrung.

DIE ENTSTEHUNG DER ALPEN

Die Alpen gelten mit ihrer Entstehung vor etwa 100 Millionen Jahren als junges Gebirge. Durch Verschiebung der großen Kontinentalplatten wurden riesige Gesteinsmassen aufgefaltet und angehoben. Die Gletscher der Eiszeiten haben die Täler erweitert und zahlreiche Passübergänge geschaffen. Ebene Flächen waren begehrte Siedlungsplätze und konnten in späterer Zeit vom Menschen leicht durch landwirtschaftliche Nutzung erschlossen werden. Die abtauenden Eismassen während der Wärmephasen transportierten riesige Mengen an Gestein und Feinmaterial wie Sand und Ton in die Täler des umliegenden Flach- und Hügellandes. Und sie tun es bis heute, da der Prozess der Gebirgsbildung noch nicht abgeschlossen ist.

DIE ENTSTEHUNG DER ALPINEN VEGETATION

Die heutige Alpenvegetation ist das Ergebnis einer sehr komplexen Entwicklung, die sich über einen langen Zeitraum zugetragen hat. Ursprünglich war im Raum der Alpen eine subtropische Vegetation beheimatet und wurde nach der Hebung der Alpen durch die Vegetation einer gemäßigten Klimazone abgelöst. Durch Vergletscherung im Quartär wurde der wärmeliebende Anteil verdrängt. Seit dem Ende der Eiszeit wurden die Alpen von einigen kältegeschützten inneralpinen Rückzugszonen und von Gebieten aus dem Alpenvorland, besonders Norditalien, von den dort lebenden Pflanzen wiederbesiedelt. Hochgebirge weisen immer eine sehr hohe Artenvielfalt auf, weil sie auf engem Raum unterschiedliche Vegetationsstufen besitzen. Auf nur drei Prozent der Fläche kommen 25 Prozent der Arten der gesamten europäischen Flora vor.

ALMWIRTSCHAFT IN ÖSTERREICH

Zahlreiche Betriebe – in ganz Österreich sind es etwa 30.000 – verdanken der Almwirtschaft eine beträchtliche Erweiterung der Futterbasis für Weidevieh. Am ausgedehntesten sind die Almflächen in den westlichen Hochalpen, wo vielfach zwei Drittel aller Rinder gealpt werden und sogar Fremdvieh aus den benachbarten Gebieten aufgenommen wird. In Österreich gibt es derzeit 9150 Almen mit einer Gesamtwirtschaftsfläche von 480.000 Hektar. Zwei Drittel der Flächen sind Privatalmen, der Rest entfällt auf Gemeinschaftsalmen, die im südlichen Vorarlberg, in Westtirol und im Gailtal überwiegen. In den letzten Jahren sind im Bereich der Almwirtschaft große Veränderungen eingetreten, da einerseits der Arbeitskräftemangel, andererseits das ausreichende Futterangebot in den Tallagen die Zahl der beweideten Almen drastisch verringert hat. Besonders stark rückläufig ist die Almwirtschaft in der Steiermark.

INNTAL – GEOGRAFIE

Der Inn ist einer der mächtigsten und wasserreichsten Flüsse der Ostalpen. Der Ursprung des Inn liegt im Schweizer Engadin. Auf zwei Dritteln seines Verlaufes durchfließt er von Südwesten nach Nordosten die Alpen und mündet bei Passau in die Donau. Das Inntal ist ein typisches Gletschertrogtal mit steilen Flanken.

INNTAL – GEOLOGIE

Mitten durch das Inntal verläuft eine Gesteinsgrenze. Der Norden des Tales besteht überwiegend aus Kalksedimenten der nördlichen Kalkalpen. Im südlichen Bereich dominiert Silikatgestein. Durch diese Gesteinsgrenze war es dem Fluss Inn überhaupt erst möglich, sich derart tief in den Boden einzuschneiden.

INNTAL – LANDWIRTSCHAFT

Auf den fruchtbaren Böden des Talgrunds findet man Spezialkulturen wie Obst und Gemüse und auch etwas Getreidebau. Die Talränder und die ebenen Flächen werden überwiegend als Grünland genutzt. Die Steilflächen sind bewaldet.

INNTAL – VEGETATION AN DER WALDGRENZE

Die typischen Pflanzen der Waldgrenze in dieser Region sind Zirbe, Lärche und Fichte. Über der Waldgrenze, die in diesem Bereich der Alpen zwischen 1700 und 2200 Metern Seehöhe liegt, leiten Zwergsträucher wie die Alpenrose und Gämsheide in den alpinen Rasen über, der sich bis in etwa 3000 Meter Seehöhe erstreckt.

INNTAL – KLIMA

Das Inntal, besonders aber die Umgebung von Innsbruck, zählt zu den inneralpinen Trockentälern. Der durchschnittliche Jahresniederschlag von 860 Millimetern wird vor allem durch einen häufigen, trockenen Föhn schnell wieder verbraucht. Im Winter wird der Schnee besonders auf der Südwestseite der Berge stark verblasen und durch den warmen Wind schnell geschmolzen. Geschützt durch hohe Bergketten gibt es in dieser Jahreszeit viel Sonne und wenig Nebel.

IMKEREI IM GEBIRGE

Trotz aller Veränderungen in der Landwirtschaft finden die Bienen in den Gebirgstälern ausreichend Nahrung. Der Klimawandel bereitet einige Probleme und zeigt deutliche Auswirkungen auf die Imkerei. Einerseits werden Phasen mit langanhaltendem Schlechtwetter häufiger, andererseits große Hitze und Trockenheit. Eine Wärmeperiode im Frühjahr kann bei Bienen eine vorzeitige Bruttätigkeit auslösen, warme Herbsttage verlängern die Brutsaison bis hinein in die Wintermonate. Früher wurden Bienenvölker zum Überwintern und für eine gute Frühjahrsentwicklung auf die Sonnenseite des Tales in die Erikatracht gebracht. Heute würde Heinrich Gritsch das nicht mehr tun, der lange Zeitraum ohne Brut im Winter sei wichtig für die Behandlung der Varroamilbe. Warme Spätherbsttage, wenn die meisten Blüten bereits verschwunden sind, bei zugleich noch sehr starken Völkern haben oft zur Folge, dass die stärkeren Bienenvölker die schwächeren ausrauben. Junge und schwächere Völker lässt der Imker daher länger auf dem Wanderstand im Hochgebirge auf 1500 Metern Seehöhe. Sie finden dort immer noch Blüten von Herbstheide und Weideröschen. Im Hochgebirge sind die Bienen während der kurzen Saison ausreichend mit Pollen versorgt. Die Honigerträge sind eher bescheiden im Vergleich zu anderen Gegenden, im Gegenzug ist der Honig durch die Vielzahl von Nektarquellen von hoher Qualität.

Nahrung im Hochgebirge finden die Bienen vor allem in den mit Nadelhölzern bewaldeten Bergflanken und über der Baumgrenze auf den freien Almflächen. Die Wanderstände der Imker im Bereich der Hochalpen liegen auf maximal 1600 Metern Seehöhe. Der Flugbereich der Bienen übersteigt vielfach die Baumgrenze und erreicht etwa 2300 Meter. Langjährige Aufzeichnungen zeigen große Schwankungen hinsichtlich der Temperaturwerte und infolgedessen des Blühbeginns der einzelnen Pflanzen von bis zu einem Monat. Die von der herrschenden Wetterlage abhängige Flugmöglichkeit der Bienen ist sehr unterschiedlich. Dementsprechend unregelmäßig fallen auch die Honigernten aus. Bienenstände in dieser Höhenlage werden nur für wenige Wochen im Jahr als Wanderstände für die Tracht der Alpenrose genutzt.

Honige aus dem Hochgebirge

Die Blütezeit der wichtigsten Trachtpflanzen im Hochgebirge beginnt im Februar mit der Schneeheide, lat. Erika carnea, und endet im September mit der Herbstheide, lat. Calluna vulgaris. In dieser Zone gibt es jedoch eine Vielzahl an Pflanzen, die Nektar und Pollen für die Bienen bieten: Außer der auf Seite 252/253 genannten Alpenrose sind von Bedeutung: Schneerose und -heide, Bergahorn, Dost, Eberesche, Enzian, Erdbeere, Gamander, Glockenblume, Heidel-, Him- und Preiselbeere, Hopfen-, Horn- und Hufeisenklee, Klappertopf, Krokus, Minze, Nelkenwurz, Platterbse, Rot-, Wund- und Weißklee, Saturei, Skabiose, Sonnenröschen, Storchschnabel, Thymian, Alpen-Weidenröschen, Wiesenknöterich, Witwenblume, Wundklee sowie Ziest.

RHODODENDRON

ALPENROSE

lat. *Rhododendron*

Die Alpenrose, lat. *Rhododendron,* gehört zur Familie der Heidekrautgewächse, *Ericaceae,* die weltweit verbreitet und sehr artenreich ist. Sie umfasst etwa 1.000 Arten von kleinen Sträuchern bis zu Bäumen von mehreren Metern Höhe. Zur selben Pflanzenfamilie gehören auch Baum- und Besenheide, die in Küstenregionen Nordspaniens und Frankreichs sowie im Norden Deutschlands zu wichtigen Nektarspendern zählen. Die Bienen sammeln davon den dunklen und sehr aromatischen Erikahonig. Die Alpenrose ist ein immergrüner Strauch mit rosa- bis purpurroten Blüten. Ihr Vorkommen beschränkt sich auf die baumfreie Zone des gesamten Alpenbogens ab 1500 Metern und bis in Höhen von etwa 2400 Metern. Sie besiedelt meist Geröll- und Schutthalden und bereitet durch Humusbildung den Boden für eine geschlossene Vegetationsdecke vor. Zwei Arten sind für die hochalpine Honiggewinnung relevant: die in den West- und Zentralalpen verbreitete Rostblättrige Alpenrose, lat. *Rhododendron ferrugineum,* sowie die östlich der Schweizer Alpen beheimatete Behaarte Alpenrose, lat. *Rhododendron hirsutum,* im Volksmund auch Almrausch genannt, die auf Kalkböden vorkommt. Hybriden zwischen diesen beiden Arten sind möglich. Die Blütezeit ist Juni bis Juli. Die Blüten haben Drüsen, die ein ätherisches Öl absondern. Die Pflanzen sind an sich nicht winterhart, überdauern die strengen Winter jedoch gut unter einer Schneedecke. Die Pflanze gilt als wichtige Nahrungsquelle für Honig- und Wildbienen, Hummeln, Fliegen und Schmetterlinge. Einige außereuropäische Ericaceenhonige, z. B. Honig von *Rhododendron ponticum* in Kleinasien, enthalten Andromedotoxin, einen aus dem Nektar der Pflanzen stammenden Stoff, der auf den Menschen berauschend wirkt.

Alpenrosenhonig

Alpenrosenhonige sind rar. Die Produktionszonen beschränken sich auf wenige Gebiete im hochalpinen Bereich. In dieser Höhenlage ist die Imkerei aufgrund der meteorologischen Voraussetzungen mit hohem Risiko verbunden. Obwohl in günstigen Jahren durchaus interessante Honigerträge von bis zu 30 Kilogramm je Bienenvolk erzielt werden, ist eine Wanderung mit Bienen ins Hochgebirge mit viel Idealismus von Seiten des Imkers verbunden.

Alpenrosenhonig zeigt in flüssigem Zustand eine strohgelbe Färbung und ist hellbeige, sobald er kristallisiert. Die Kristalle sind fein und kompakt. Schwer zuordenbar ist der Honig am schwachen, kaum wahrnehmbaren Geruch nach Wassermelone und feuchtem Moos. Am Gaumen angenehm, floral, mit ausgeprägter Süße, sehr elegant und mit kurzem Abgang. Honig von der Alpenrose enthält nur wenig Pollen.

Anhang

GLOSSAR / BEGRIFFSBESTIMMUNGEN / HONIGWÖRTERBUCH

A

AGRARMARKETING
Nüchterne Betriebswirtschaft, verpackt in Sehnsuchtsnatur und feilgeboten in schicker Inszenierung.

ANLOCKSTRATEGIEN DER BLÜTENPFLANZEN
Sex bei Pflanzen spielt sich deutlich leiser und unauffälliger ab als bei Mensch und Tier. Die meisten Arten benötigen tierische Überträger, die den männlichen Pollen auf die weibliche Narbe befördern. Diese allerdings haben in der Regel andere Interessen und müssen daher irgendwie angelockt werden. Manche Pflanzen strecken ihre Blüten in aller Pracht den Bienen entgegen, eingehüllt in eine betörende Duftwolke wie etwa die Akazie, andere verstecken ihre Blüten verschämt und für das menschliche Auge kaum wahrnehmbar im Halbdunkel der Auwälder, wie der Faulbaum. Wieder andere treiben sonderbare Spielchen wie die zweihäusige Salweide, die männliche und weibliche Blüten auf verschiedenen Pflanzen hat.

AUFFÜTTERUNG
Während der Winterruhe reicht den Bienen Zucker als Nahrungsquelle, da keine Brut aufgezogen und mit proteinreichem Blütenpollen versorgt werden muss. Daher füttert der Imker im Spätsommer, nach Entnahme der letzten Honigernte, die Bienen mit Zuckerwasser.

B

BÄUERIN/BAUER
Eine Person, deren Hauptaktivität auf der Produktion von Lebensmitteln, mehrheitlich zur Eigenversorgung, liegt. Im industrialisierten Teil des Globus nahezu ausgestorben, erzeugen über 500 Millionen bäuerliche Betriebe weltweit immer noch einen Großteil der global verfügbaren Lebensmittel. Das Bauersein erlebt mittlerweile in den Industriestaaten eine Renaissance, wobei das Hauptaugenmerk nicht wie früher auf dem Überleben, sondern auf dem guten Leben liegt.

BESTÄUBUNG
Übertragung des Pollens (Blütenstaub) mit den darin befindlichen Spermienzellen auf das empfängliche Blütenorgan (Narbe). Im Laufe der Evolution haben Bienen und Samenpflanzen eine einzigartige Kooperation entwickelt. Die Pflanze lockt das Insekt mit auffälligen Blüten, färbigem Pollen und duftendem Nektar, da es einen Bestäuber benötigt, um sich über Samen fortpflanzen zu können. Das Insekt, auf der Suche nach Nahrung, übernimmt diese Aufgabe und erledigt die Bestäubung der Pflanze quasi im Vorbeikriechen. Da die Nektarquelle meist am Blütengrund liegt, streift die Biene beim Landen auf der Blüte an die Staubgefäße und wird mit Blütenstaub bedeckt. Da Bienen blütenstet sind, d. h. eine einzelne Biene stets so lange Blüten der gleichen Art besucht, solange darin Nektar zu finden ist, ist auch sichergestellt, dass der Blütenstaub zu fremden Blüten der gleichen Art gelangt. Aus der Sicht der Bienen wiederum ist die enge Verbindung mit der Pflanzenwelt eine Überlebensfrage, da sie sich ausschließlich von pflanzlichen Produkten ernähren. Zuckerhältige Stoffe wie Blütennektar und Honigtau dienen als Energiequelle und der Bedarf an Eiweiß, Fetten und Mineralstoffen wird mit Blütenpollen abgedeckt. Von dieser großartigen Kooperation profitieren also beide Seiten auf verschiedene Weise.

Weibliche Blüten (unten) sowie männliche Blüten (oben) der Salweide auf verschiedenen Pflanzen.

BESTÄUBUNGSMECHANISMUS
Das blütenfremde Pollenkorn trifft auf die Narbe und treibt einen Keimschlauch bis zu den Eizellen der Samenanlagen vor. Die Befruchtung erfolgt durch die Vereinigung des Pollens mit der weiblichen Eizelle, der Embryo wächst.

BIENENGIFT
Das Bienengift ist eine Mischung verschiedener Sekrete der Honigbiene, die mithilfe eines Stachels in den Körper eines Feindes eingespritzt werden. In der elastischen Haut des Menschen bleiben die Widerhaken des Stachels stecken und der Biene wird ein Teil des Hinterleibes ausgerissen. Ein Bienenstich kann für den gestochenen Menschen schmerzhaft sein, für die stechende Biene ist er immer tödlich. Bienengift hat eine heilende Wirkung. In der Apitherapie wird dieses Phänomen seit langem dazu genützt, Rheumaleiden zu lindern. Bienenstiche sorgen auch für einen makellosen Teint: Von einer solchen Behandlung berichtete US-Schauspielerin Gwyneth Paltrow unlängst in der New York Times. Gab aber offen zu: Wehgetan habe es schon.

BIENENSTAND
Ort, an dem eine gewisse Anzahl an Bienenvölkern aufgestellt wird. Unterschieden wird zwischen Überwinterungsständen und Wanderständen.

BIENENSTERBEN
Massenhaftes Absterben von Bienenvölkern, dessen Ursache vermutlich ein Mix von Varroamilbe, Viren und bienenschädlichen Insektiziden ist.

BIENENSTERBEN UND BEIZMITTEL
Einer der Gründe für das massenhafte Bienensterben war der Einsatz von hochgiftigen Beizmitteln (Neonikotinoiden) in der Landwirtschaft. Dabei sollte, um die landwirtschaftliche Kulturtechnik der Fruchtfolge zu ersetzen, der Schädlingsbefall durch Beizen des Saatguts mit Insektiziden verhindert und schädlingsfreie Monokulturen ohne Fruchtfolge möglich werden. Da diese Insektizide auch das Nervensystem der Honigbienen angreifen, wurden die Neonikotinoide im Jahre 2013 EU-weit verboten. Seitdem haben sich die Honigbienenbestände (und auch die anderer Insektenarten) wesentlich erholt.

BIENENSTERBEN UND VARROAMILBE
Ein weiterer Grund für das massenhafte Absterben von Bienenvölkern ist die Varroamilbe. Dieser aus Südostasien eingeschleppte, etwa zwei Millimeter große Parasit befällt die Bienen bereits im Brutstadium und verursacht nach wie vor große Schäden. Mit Ausnahme von Australien und der Antarktis ist die Varroamilbe weltweit verbreitet. Alle Nymphenstadien und die Männchen leben ausschließlich in der verdeckelten Brut der Bienen. Nur die Weibchen der Milbe kommen auch außerhalb der Brutzellen vor und sitzen normalerweise auf der Bauchseite des Hinterleibes von erwachsenen Bienen sowie knapp hinter dem Kopf.

BIENENSTICH
Die Schmerzhaftigkeit eines Bienenstiches ist abhängig davon, wie viel Bienengift bei einem Stich injiziert wurde, weiters in welche Tiefe der Haut das Gift gelangt und auch an welcher Körperstelle der Stich erfolgte. Stiche in die Nasenspitze, am Penis und an der Oberlippe sind am schmerzhaftesten. Werden Kopf, Zehe und Oberarm von einer Biene gestochen, so ist dies am wenigsten schmerzhaft.

BIENENSTOCK
Bezeichnung für ein Bienenvolk samt der dazugehörigen Behausung.

BIENENSTOCKFARBEN
Farben erleichtern die Orientierung der Bienen bei der Rückkehr in den Bienenstock. Aus diesem Grund sind häufig Teile des Bienenstockes färbig bemalt.

BIENENWACHS
Bienenwachs wird von Arbeiterbienen zwischen ihrem 12. und 18. Lebenstag produziert und in kleinen Plättchen über Wachsdrüsen am Bauch ausgeschieden. Die Bienen verwenden es, um ihre Waben zu bauen. Die Herstellung von Bienenwachs ist sehr energieintensiv: Für ein Kilogramm Wachs benötigen die Bienen acht Kilogramm Honig. Bienenwachs war über Jahrhunderte ein begehrtes Handelsgut, das vor allem zur Herstellung von Kerzen diente.

BIENENWANDERUNG
Transport von Bienenvölkern durch den Imker zu einem anderen Standort.

BLÜTE
Bei einer typischen Zwitterblüte gibt es folgenden von außen nach innen gehenden Blütenaufbau: Kelchblätter, Kronblätter, Staubblätter, Fruchtblätter. Neben der typischen Zwitterblüte gibt es auch getrenntgeschlechtliche Blüten. Sind dabei männliche und weibliche Blüten auf verschiedenen Pflanzen, spricht man von zweihäusigen Pflanzen, sind sie auf einem Individuum, nennt man sie einhäusig. Kelchblätter umhüllen die innenliegenden, empfindlichen Teile der Blüte. Die vom Kelch umschlossenen Kronblätter sind meist farbig ausgebildet. Als nächstes folgen die Staubblätter, die Pollen absondern. Ganz im Inneren findet man die Fruchtblätter, die meist zu einem Fruchtknoten verwachsen sind und die weiblichen Samenanlagen enthalten.

Aufbau einer Blüte

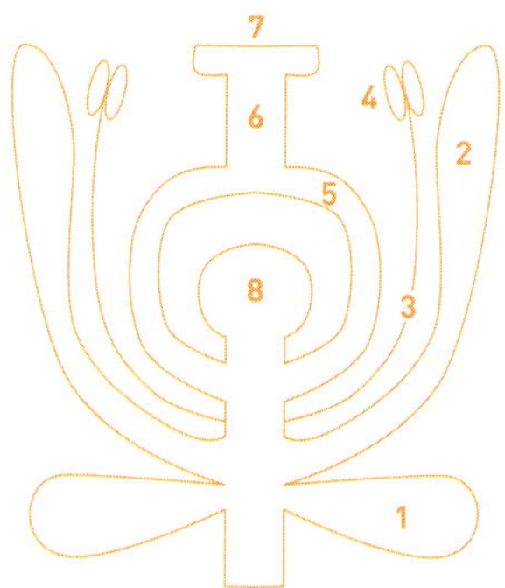

1 *Kelchblätter*
2 *Kronblätter*
3 *Staubblätter*
4 *Staubbeutel*
5 *Fruchtknoten*
6 *Griffel*
7 *Narbe*
8 *Samenanlage*

BLÜTENHONIG
Honig, dessen botanische Quelle Blütennektar ist. Blütenhonige haben meist eine hellere Farbe als Honigtauhonige.

BLÜTENNEKTAR
Siebröhrensaft von Blütenpflanzen, der über die Nektardrüsen als zuckerhältige wässrige Lösung abgesondert wird, um Bestäubungsinsekten anzulocken. Jede Pflanzenart hat eine ihr eigene Nektarzusammensetzung. Auch die Aromakomponenten sind unterschiedlich und beeinflussen den Geschmack des Honigs.

BLÜTENSTET
Bienen sind blütenstet. Dies bedeutet, dass eine Biene so lange eine bestimmte Blütenart besucht, bis die Nektarproduktion versiegt. Erst dann macht sie sich auf die Suche nach einer neuen Futterquelle auf anderen Blütenarten.

C

CHEMISCHER PFLANZENSCHUTZ
Lukratives Geschäftsfeld, in dem Lösungen für Probleme im Pflanzenbau angeboten werden. Mit der Behebung eines Problems wird allerdings oft bereits der Grundstein für neue Probleme gelegt, für die dann wiederum Lösungen angeboten werden müssen. Eigentlich findet nur eine Verschiebung von Problemen statt.

CREMEHONIG
Cremehonige werden, um feincremige Konsistenz zu erlangen, mit etwa zehn Prozent Honig, der bereits die gewünschte Konsistenz hat, „geimpft" und über einen Zeitraum von mehreren Tagen immer wieder gerührt.

E

ENZYME

Komplexe chemische Eiweißverbindungen, die chemische Prozesse ermöglichen oder beschleunigen. Die Zugabe von Enzymen zu Nektar und Honigtau durch die Bienen ist einer der wesentlichen Prozesse der Honigentstehung.

G

GELÉE ROYALE

Futter für junge Bienenlarven während der ersten drei Tage und für die Königinnen ein Leben lang. Wird von den Arbeiterinnen produziert. Gelée royale ist ein Sekret der Futtersaftdrüsen. Spezielle Proteine bewirken eine starke Zunahme der jungen Larven an Größe, Gewicht und Fruchtbarkeit. Verwendung findet Gelée royale als Zutat für Nahrungsergänzungsmittel sowie als Rohstoff für die Kosmetikindustrie.

GENTECHNISCH VERÄNDERTE ORGANISMEN

Organismen, deren genetisches Material in einer Weise verändert wurde, wie sie unter natürlichen Bedingungen, durch Kreuzung und Rekombination nicht vorkommt. Dieser Eingriff in die Genetik kann unabsehbare Folgen in der Nahrungskette haben.

GÜTESIEGEL

Güte ist nicht versiegelbar. Gütesiegel sind vorgefertigte Produktbeurteilungen. Die „Vergütesiegelung" fördert die sensorische Unmündigkeit des Verbrauchers. Der höchste Maßstab für die Güte eines Lebensmittels ist der kritische Gaumen eines Konsumenten und nichts außer dem.

H

HONIG

Honig (im Sinne der Öster. Honigverordnung BGBl. II Nr. 40/2004) ist der natursüße Stoff, der von Bienen der Art Apis mellifera erzeugt wird, indem die Bienen Nektar von Pflanzen, Absonderungen lebender Pflanzenteile oder auf lebenden Pflanzenteilen befindliche Sekrete von an Pflanzen saugenden Insekten aufnehmen, diese mit arteigenen Stoffen versetzen, umwandeln, einlagern, dehydratisieren und in den Waben des Bienenstockes speichern und reifen lassen.

HONIGBLASE

Hohlraum im Körper der Bienen, der zum Transport von Flüssigkeiten wie Wasser, Nektar oder Honig dient. Sein Volumen fasst 50 Milligramm. Das bedeutet, dass für ein Kilogramm Blütennektar 20.000 Flüge nötig sind. Da der Nektar noch im Verhältnis 3:1 eingedickt wird, ehe er haltbarer Honig ist, benötigen Bienen für ein Kilogramm Honig 60.000 Sammelflüge. Dies ist eine Wegstrecke, die drei Umrundungen der Erde entspricht. Eine erstaunliche Leistung für ein so kleines Insekt.

HONIGESSIG

Essig, der aus Honigwein hergestellt wird, indem Essigsäurebakterien zugesetzt werden.

HONIGSORTEN (NACH BLÜTEZEIT DER TRACHTPFLANZE)

- Frühjahrshonige: Weide, Raps, Vogelkirsche, Rosskastanie, Löwenzahn, Bärlauch
- Frühsommerhonige: Akazie, Götterbaum, Faulbaum, Edelkastanie, Linde, Himbeere, Bergahorn, Klee, Alpenrose
- Hochsommerhonige: Kornblume, Sonnenblume, Honigtau von Fichte und Tanne
- Herbsthonige: Buchweizen, Goldrute, Springkraut

HONIGTAU

Ausscheidung von pflanzensaugenden Insekten, die die Leitungsbahnen einiger Pflanzen anstechen und Siebröhrensaft saugen.

HONIGTAUHONIG

Honig, dessen botanische Quelle Honigtau ist. Honigtauhonige (häufig nicht ganz korrekt als „Waldhonige" bezeichnet) entstehen aus den Ausscheidungen von pflanzensaugenden Insekten, die Honigtau absondern. Dieser Honig ist durch Eintrag von Rußtaupilzen dunkler und außerdem mineralstoffreicher als Honig aus Blütennektar. Waldhonig ist nicht per se Honigtauhonig, da in Wäldern auch Blütenpflanzen wie Bergahorn, Himbeere etc. vorkommen.

HONIGVERKOSTUNG

Die intensive Verkostung eines Honigs ist ein mehrdimensionales Erlebnis. Sie umfasst visuelle Eindrücke, die Wahrnehmung von Geruch und Geschmack sowie das Erfassen von haptischen Reizen am Gaumen.

HYBRIDZÜCHTUNG

Züchtungsmethode von Nutzpflanzen, bei der die gewünschten Eigenschaften nur in der ersten Generation auftreten. Das Saatgut muss somit jährlich neu gekauft werden. Durch gezielte Befruchtung versucht die Agrarindustrie das im Laufe der Evolution entstandene großartige Zusammenspiel von Pflanze und Insekt zu übergehen. Die Produktion von Nektar und Pollen ist unnötig, das Bestäubungsinsekt fortan ohne Bedeutung. Die Biene wird vom Akteur zum Statisten. Durch Patentierung des Saatguts entstehen Abhängigkeiten von Landwirten und Saatguterzeugern.

I

INDUSTRIALISIERUNG DER LANDWIRTSCHAFT

Der Bruch mit den landwirtschaftlichen Traditionen kann zeitlich etwa mit der Erfindung des Kunstdüngers zu Beginn des 20. Jahrhunderts festgemacht werden. Die gleichzeitige Mechanisierung der Landwirtschaft und der Einsatz von Pflanzenschutzmitteln ermöglichten wesentlich größere Produktionseinheiten bei gleichzeitig geringerem Arbeitskräftebedarf. Massentierhaltung und Monokulturen waren die Folgen.

IMKER/IN

Ein naturverbundener Mensch, der sich beruflich oder als Hobby mit der Haltung von Bienen beschäftigt. Derart einseitige Beschäftigung kann zu manch sonderbarem Verhalten führen, wie Plinius der Ältere berichtet: Aristomachus von Soli soll sich 58 Jahre lang mit nichts anderem beschäftigt haben und Philiscus von Thasos, der Bienen an einsamen Orten hielt, soll selbst ein wilder Mann geworden sein. Auch wenn von Imkern manchmal seltsame Dinge erzählt werden – es besteht kein Zweifel: Imkerei ist die schönste Tätigkeit, die man sich vorstellen kann.

IMME
Spätmittelhochdeutsche Bezeichnung für Bienenschwärme, wurde später zur Bezeichnung für die Biene an sich.

IMKEREI I
Die Haltung von Bienen ist eine der ältesten landwirtschaftlichen Kulturtechniken. Es ist ein Pakt mit beiderseitigem Nutzen: Die Bienen erhalten Pflege und ein Heim, das so attraktiv ist, dass sie aus freien Stücken bleiben, der Imker erntet den Honig als Lohn für sein Hausmeistertum.

IMKEREI II
Imkerei ist Kommunikation, ein Erkennen der Zeichen und Bedürfnisse, ein Entschlüsseln fremder Schriftzeichen. Bienenvölkerführung ist ein Spiel von Frage und Antwort in beiden Richtungen, nicht mit Einzeltieren, sondern mit der Gesamtheit der Bienen, dem Volk. Beide, Imker und Bienenvolk, setzen Maßnahmen, auf die der jeweils andere reagiert.

IMKEREI III
Imkerei ist Symbiose. Das Verhältnis des Imkers zu den Bienen ist ein frei assoziiertes. Keine Fessel, kein Gatter, kein Verstümmeln, kein Absperrgitter. Die Bienen sind Verbündete und kehren aus freien Stücken zurück in ihr vom Imker vorgeschlagenes Heim.

IMKEREI IV
Imkerei – die Poesie der Landwirtschaft – benötigt keinen Grundbesitz, beschränkt sich auf die Abschöpfung der Zinsen, des Überflusses, den die Natur uns schenkt, ohne Eingriff in Ressourcen, ohne Raub an Substanz.

IMKEREI V
Imkerei bedeutet, eine Landschaft aus der Perspektive der Honigbiene zu betrachten, sowie Wissen um den günstigen Zeitpunkt.

K

KLIMAERWÄRMUNG
Die Imkerei im Alpenraum steht zweifellos auf der Gewinnerseite des wärmer werdenden Klimas. Bienen sind grundsätzlich wärmeliebende Insekten. Lange Schönwetterperioden während der Tracht ergeben gute Ernten. Neophyten ermöglichen der Imkerei neue Perspektiven: keine oder weniger Auffütterung, neue Honigsorten. Demnach ist eine Beschreibung der Honigsorten einer Region nur eine Momentaufnahme und könnte sich innerhalb eines Jahrhunderts stark verändern.

KRISTALLISATION (KANDIERUNG)
Honig neigt von Natur aus zur Kristallisation. Die Geschwindigkeit der Kristallbildung ist von der Zusammensetzung der Zuckerarten abhängig. Hoher Glucoseanteil, z. B. im Rapshonig, begünstigt eine rasche Kristallbildung.

L

LANDSCHAFTSHONIG (SIEHE AUCH MULTIFLORALER HONIG)
Honig, der aufgrund seiner sensorischen Eigenschaften typisch für eine bestimmte Landschaft ist und im Geschmacksbild Nuancen aufweist, die keiner einzelnen botanischen Trachtquelle zugerechnet werden kann. Landschaftshonige sind das exakte Abbild aller für Bienen relevanten Pflanzen einer Landschaft im engen Flugradius der Bienen von nur vier Kilometern.

M

MET
Honigwein; Herstellung durch Verdünnung von Honig mit Wasser und anschließender Vergärung. Met ist das älteste Rauschgetränk des Menschen.

MONOFLORALER (SORTENREINER) HONIG
Bienen sind grundsätzlich „blütenstet“, d. h. eine Biene befliegt so lange Blüten der gleichen Art, solange diese Nektar anbieten. Da jedoch verschiedene Bienen auch verschiedene Blütenvorlieben zeigen, sind Honige – abgesehen von solchen, die aus großen Monokulturen stammen – nie zu hundert Prozent sortenrein. Ist im Geschmacksbild des Honigs jedoch eine Trachtquelle eindeutig identifizierbar und entspricht dieses dem Pollenbild des jeweiligen Honigs, so spricht man von reinsortigen Honigen. In nahezu allen Honigen finden sich daher Einträge von Pollen und Nektar aus verschiedenen botanischen Quellen, die mithilfe der Pollenanalyse leicht bestimmt werden können. Für die Kennzeichnung der Honigsorte gibt es laut Lebensmittelverordnung genaue gesetzliche Bestimmungen. In jedem Falle muss die auf dem Etikett genannte Sorte geschmacksbestimmend sein.

MULTIFLORALER HONIG (VIELBLÜTENHONIG)
Vielblütenhonige zeigen Nuancen im Geschmacksbild, die keiner einzelnen Trachtquelle zugerechnet werden können.

N

NATURWABENBAU
Wabenbau der Bienen ohne vom Imker vorgegebenes Muster durch eine vorgefertigte Wachsplatte.

NEONIKOTINOIDE (BEIZMITTEL)
Systemisches Insektizid mit verheerender Wirkung auf Bienen und viele andere Insekten. EU-weit – mit Ausnahmen – seit 2013 verboten.

NEOPHYTEN I
Als Neophyten bezeichnet man Pflanzen, die nach dem 15. Jahrhundert absichtlich eingeführt, bzw. unabsichtlich eingeschleppt wurden.

NEOPHYTEN II
Ein Fluch für Naturschützer und Verteidiger der heimischen Arten, ein Segen für die Imker und ihre Bienen. Übrigens: Irgendwann ist alles zugewandert.

P

PHLOEMSAFT
Siebröhrensaft der Pflanzen, der in den Leitungsbahnen des Phloems fließt und von pflanzensaugenden Insekten als Nahrung genutzt wird.

POLLEN
Pollen ist Blütenstaub, der von den Bienen von Blüte zu Blüte transportiert wird und für die Bestäubung sorgt. Jede Pflanzenart hat ihren charakteristischen Pollen. Größe, Farbe und Geschmack des Pollens der einzelnen Pflanzen sind sehr unterschiedlich. Pollen hat einen sehr hohen Nährwert, da er einer der eiweißreichsten Stoffe ist, den die Natur hervorbringt. Der Blütenstaub wird von den Bienen gesammelt, mit Speichel oder Blütennektar vermengt und in kleinen Klumpen an den Hinterbeinen klebend (Pollenhöschen) transportiert. Im Bienenstock wird er als Eiweißquelle gelagert und an die Brut verfüttert. Wird Blütenpollen im Handel verkauft, so erfolgt dies meist in getrockneter Form.

Blütenpollen

POLLENÜBERTRAGUNG
Die Übertragung der Pollen kann bei Selbstbestäubern durch direkte Berührung von Staubbeutel mit Narbe erfolgen. Einige Pflanzen nutzen Insekten oder auch Wind und Wasser als Transportmittel. Das Bestäubungsinsekt muss, um an die Abgabestelle des Nektars, die meist im Innersten der Blüte liegt, an den Staubbeuteln vorbei. Dabei wird Pollen abgestreift und zu anderen Blüten der gleichen Art transportiert.

PROPOLIS
Hauptbestandteil von Propolis ist eine harzartige Substanz, die Bienen von Knospen und aus Pflanzensäften sammeln. Im Bienenstock dient es als Kittsubstanz für Ritzen und Fugen sowie zum Verschluss der Brutzellen. Propolis hat mehrere wichtige Eigenschaften: Es wirkt antibiotisch, pilzhemmend sowie wundheilend. Propolis wird daher häufig als natürlicher Rohstoff für pharmazeutische und kosmetische Produkte verwendet.

S

SCHWARM
Folge des natürlichen Vermehrungstriebes der Bienen. Bei günstiger Bevorratungssituation und wenig Platz sorgen die Bienen für eine Teilung des Bienenvolkes. Wenige Tage bevor die neue Königin schlüpft, verlässt die alte Königin mit etwa zwei Dritteln der Flugbienen den Stock und sucht sich eine neue Bleibe. Ein starkes Bienenvolk in voller Entwicklung gleicht einem kleinen Druckkochtopf, nichts kann den Schwarmtrieb stoppen.

SEIMHONIG
Durch leichtes Anwärmen und nachfolgendes Pressen von zerstückelten Waben gewonnener Honig.

SIEBRÖHRENSAFT
Flüssigkeit in den Leitungsbahnen von Pflanzen, in denen Nährstoffe transportiert werden. Man unterscheidet Phloem- und Xylemsaft. Im Xylem erfolgt der Transport von Wasser und Nährstoffen ausschließlich von den Wurzeln in die Triebspitzen. Für die Honigtauerzeuger ist das im Inneren eines Zweiges liegende Xylem nicht erreichbar. Im Phloem wird eine wässrige Lösung transportiert, die wesentlich mehr organische Substanzen und Zucker enthält. Die Transportrichtung ist, je nach Bedarf der Pflanze, sowohl von oben nach unten als auch umgekehrt möglich. Der Ursprung des Honigtaus ist ausschließlich Phloemsaft. Zwischen Xylem und Phloem liegt das Meristemgewebe, das jedes Jahr einen Ring nach außen und innen bildet. Dies ist der Grund, warum Zweige jedes Jahr etwas dicker werden.

SLOW FOOD
Honig ist Slow Food par excellence. Für ein Kilogramm Bienenhonig legen Bienen nicht weniger als 150.000 Kilometer Flugstrecke zurück, oder anders gesagt, ein Kilogramm Honig entspricht der Lebensarbeit von etwa 400 Bienen. Zudem laufen viele biochemische Prozesse im Honig, wie etwa die Kristallisation, extrem langsam ab. Das Sammeln von Nektar und Honigtau benötigt Zeit, der Prozess der Trocknung, das Fermentieren, die Reifung des Honigs benötigen Zeit.

SÜSS
Im Gegensatz zu Rübenzucker ist Honig keineswegs nur süß. Einige Sorten wie etwa Edelkastanienhonig haben Bitteraromen, andere zeigen fein-säuerliche Nuancen. Es ist dieses feine Zusammenspiel von Süße, Bittertönen und erfrischender Säure, das das einzigartige Geschmacksbild eines Honigs prägt.

T

TRACHT
Pollen, Blütennektar- und Honigtauangebot einzelner Pflanzen, das den Honigbienen zur Verfügung steht.

Schema: Längs- und Querschnitt eines Fichtenzweiges

V

VARROAMILBE
siehe Bienensterben

VEGETARISCH
Ob Honig ein pflanzliches oder ein tierisches Produkt darstellt, darüber wurde und wird immer noch heftig diskutiert. Honig wird nicht wie etwa Milch von Kühen produziert, sondern von pflanzlichen Quellen gesammelt und im Bienenorganismus getrocknet und mit Enzymen versetzt.

VERHINDERUNG VON SELBSTBESTÄUBUNG
Die Blütenpflanzen haben zahlreiche Strategien entwickelt, um die Bestäubung mit dem blüteneigenen Pollen zu verhindern, etwa die Selbststerilität oder die Protandrie, d. h. die Reife und Entleerung der Staubbeutel mit den Blütenpollen vor der Bestäubungsfähigkeit der Narbe (z. B. Sonnenblume). Es gibt auch Pflanzen, die mithilfe einer komplizierten Blütenmechanik geniale Strategien entwickelt haben, um die kreuzweise Befruchtung sicherzustellen. Die Orchidee etwa mit der Vorwärtsneigung der Pollenspender mit ihrem klebrigen Stielende oder die Blütenstaubbeutel des Salbeis, die den Körper des Insekts, das die Blüte besucht, genau an der Stelle berühren, an der es die Narbe der Nachbarblume berühren und bestäuben soll.

W

WABE
Waben werden von den Bienen aus Bienenwachs hergestellt und dienen zur Lagerung von Honig, Pollen und zur Aufzucht der Brut.

WALDHONIG I
Bezeichnung, die meist generell für Honigtauhonige verwendet wird. In Waldhonig können aber auch Anteile von Blütennektar enthalten sein (z. B. Himbeere, Bergahorn).

WALDHONIG II
Waldhonig hat eine komplizierte Entstehungsgeschichte. Der ursprünglich pflanzliche Siebröhrensaft, der von Läusen aus den Nadelbäumen gefiltert und anschließend als Honigtau an die Bienen weitergereicht wird, durchläuft somit zweimal einen Insektenorganismus, eine „mysteriöse Transsubstantiation".

WASSERGEHALT
Der Prozess der Honigbereitung ist mit einer ständigen Abnahme des Wassergehaltes verbunden. Beträgt dieser im Blütennektar und Honigtau noch bis zu 75 Prozent, so wird dieser von den Bienen mithilfe verschiedener Trocknungstechniken auf etwa 19 Prozent abgesenkt. Nun ist der Honig haltbar und die Honigzelle wird von den Bienen mit einem Wachsplättchen versiegelt.

Z

ZEIDLER
Vorläufer der Imker. Gewerbliche Honigsammler, die Bienenwaben von wilden Bienenvölkern ernteten, die sich in hohlen Baumstümpfen in Wäldern niedergelassen hatten. Bereits im Frühmittelalter im Raum Nürnberg von großer Bedeutung.

ABBILDUNGS-NACHWEIS

Achillea [GPL (www.gnu.org/licenses/gpl.html)], via Wikimedia Commons: **15**

Eva Crane: The World of Bee Keeping and Honey. Routledge 1999; nachgezeichnete Illustration von Seite 165: **16**

Franz Eugen Köhler, Köhler's Medizinal-Pflanzen (Public domain), via Wikimedia Commons: **68, 97, 120, 144, 150, 192, 196, 224, 226**

Hildegard Burgstaller: **57**

Johannes Gruber: **5** (Wald-Foto), **25, 38, 71, 98, 101, 229**

Jan Kops [Public domain or GFDL (www.gnu.org/copyleft/fdl.html)] via Wikimedia Commons: **64**

Jan Kops (www.BioLib.de, Gemeinfrei, commons.wikimedia.org/w/index.php?curid=18926221): **199**

Prof. Dr. Otto Wilhelm Thomé Flora von Deutschland, Österreich und der Schweiz 1885, Gera, Germany, via Wikimedia Commons: **150, 93, 94, 127, 252**

shutterstock.com, by Airin.dizain: Bienen-Illustration **1, U4**

Alle weiteren Fotografien stammen von Wolfgang Hummer.

BIBLIOGRAFIE UND WEITERFÜHRENDE LEKTÜRE

HONIGSENSORIK UND ANALYTIK

Riccardo Civarolo, Atlante Del Miele, Hoepli, 2008
Dizionario Dei Mieli Nomadi, Corraini Edizioni, 2008
Zander, Maurizio, Der Honig, Ulmer, 1975
Helmut Horn, Cord Lüllmann, Das große Honigbuch, Kosmos, 2006
Walter Lang, Honighandbuch, Walter Lang GmbH
Antonio Goméz Pajuelo, Mieles De España Y Portugal, Montagud Editores, 2004
Michel Gonnet, Analyse sensorielle descriptive de quelque miels, Editions Abeille de France, 1998
Christine Brugger, Geschmacksbegegnungen Apfel, Edition Cucina e Libri, 2012
Mielichromia, Mieli Thun, 2010
Silvia Sponza, Dissertation, Characterization of volatile profiles and phenolic content,Universität Udine 2010
www.honeytraveler.com
www.era-api.it/online/mieli
www.mieliditalia.it

GESCHICHTE DES HONIGS

Eva Crane, The World History of Beekeeping and Honey Hunting, Routledge, 1999
Franz Lerner, Blüten, Nektar, Bienenfleiß, Ehrenwirt, 1984
Eva Crane, El Libro de la Miel, Fondo de Cultura Economica, 1997
Edmund Oskar Lippmann, Geschichte des Zuckers, Max Hesse's Verlag, 1890
Alfred Hasterlik, Der Bienenhonig und seine Ersatzmittel, Hartleben's Verlag, 1909
Dominik Flammer, Das kulinarische Erbe der Alpen, AT Verlag, 2012
Othmar Pickl, Das älteste Geschäftsbuch Österreichs, Graz 1966
Plinius der Ältere, Naturgeschichte, Reclam

SONSTIGES

Lojze Wieser, Kochen unter anderen Sternen, Czernin, 2007
Karl Kaser, Karl Stocker, Bäuerliches Leben in der Oststeiermark seit 1848 Band I, Böhlau, 1986
Renate Frank, Honig köstlich, gesund und vielseitig, Ulmer, 2016
Eric Tourneret, Sylla de Saint Pierre, Cueilleurs de miel, Rustica Éditions, 2009
www.statistik.at/web_de/statistiken/wirtschaft/land_und_forstwirtschaft/preise_bilanzen/versorgungsbilanzen/index.html

BOTANIK, ZOOLOGIE, GEOGRAFIE, LANDWIRTSCHAFT

Viele botanische Informationen zu den Haupttrachtpflanzen der Bienen stammen aus dem großartigen Buch, das leider nur noch antiquarisch erhältlich ist:
Anna Maurizio, Ina Grafl, Das Trachtpflanzenbuch, Ehrenwirt, 1980

Wolf Dieter Storl, Wandernde Pflanzen, AT Verlag, 2012
Werner Bätzing, Die Alpen, C.H.Beck, 2015
P. Ozenda, Die Vegetation der Alpen im europäischen Gebirgsraum, Stuttgart, 1988
Gerhard Liebig, Die Waldtracht, TC Druck, Stuttgart 1999
Annemarie Fossel, Die Bienenweide der Ostalpen, 1974
Mandl & Sukopp, Bestäubungshandbuch 2011
Günther Pritsch, Bienenweide, Kosmos, 2007
Karl von Frisch, Martin Lindauer, Aus dem Leben der Bienen, Springer, 1993
H. Gritsch, Imkern im Gebirge, Eigenverlag, 2014
Das Lafnitztal, Flusslandschaft im Herzen Europas, Umweltbundesamt, 2005
Moore in Österreich, Umweltbundesamt, 2004
Jürgen Tautz, Phänomen Honigbiene, Springer, 2012
Thomas Unger, Landschaft und Honigbiene in Wien, Masterarbeit, August 2014
zidapps.boku.ac.at/abstracts/download.php?dataset_id=12312&property_id=107
www.zobodat.at/pdf/OEKO_1988_3_4_0033-0037.pdf
www.zobodat.at/pdf/VZBG_141_0001-0011.pdf
www.zobodat.at/pdf/MittNatVerSt_104_0087-0118.pdf
www.zobodat.at/pdf/MONO-LAND-OEKO_MLO4_0077-0078.pdf
www.umweltbundesamt.at/fileadmin/site/publikationen/M081.pdf
www.bmlfuw.gv.at/umwelt/natur-artenschutz/feuchtgebiete/ramsar/waldviertl.html
www.naturerlebnis-lafnitztal.at/fileadmin/user_upload/naturfu__hrer_lafnitztal.pdf
www.bmlfuw.gv.at/umwelt/natur-artenschutz/feuchtgebiete/ramsar/lafnitztal.html
bfw.ac.at/040/pdf/1818_pi6.pdf
bfw.ac.at/db/bfwcms.web?dok=1144
www.ages.at/fileadmin/_migrated/content_uploads/Nektarertragspotential_von_Rapskulturen_in_%C3%96sterreich.pdf
www.bestaeubungshandbuch.at/Bestaubungshandbuch01.pdf
www.risk.boku.ac.at/OPAL/HP/index3204.html?page_id=7

BUCHTIPP

INGOLF HOFMANN
IMKERN LEICHT GEMACHT.
Das ganze Wissen über die natürliche Bienenhaltung

Mit vielen Bauanleitungen für Magazinbeuten, Rähmchen und Imkerzubehör

144 Seiten, fest gebunden
Löwenzahn Verlag
ISBN 978-3-7066-2612-5

TIPP

IMKERKURS FÜR ANFÄNGER

INGOLF HOFMANN

Hofried 5
A-7543 Limbach
Tel/Fax: 0 3328/32171
Ingolf.hofmann@aon.at
www.limbach-bgld.at/garten-hofmann.html

DANK

VON JOHANNES GRUBER

Meiner Frau Natalia Szeier für den gestrengen Rotstift sowie Hildegard Burgstaller, Prof. Dr. Erich Hübl und Andreas Gruber für die inhaltliche Kontrolle.

Weiters Karin Kaiblinger und Elisabeth Mohri für das Testen der Rezepte.

IMPRESSUM

Auflage:

2020	2019	2018	2017
4	3	2	1

© 2017 by Löwenzahn in der Studienverlag Ges.m.b.H.,
Erlerstraße 10, A-6020 Innsbruck
E-Mail: loewenzahn@studienverlag.at
www.loewenzahn.at

Umschlag- und Buchgestaltung sowie grafische Umsetzung:
KADADESIGN, Alexander Kada mit Barbara Reiter
www.kadadesign.com

Fotografien:
Wolfgang Hummer, www.wolfganghummer.com
Abbildungsnachweis: Seite 261

Gedruckt auf umweltfreundlichem, chlor- und säurefrei gebleichtem Papier.

Bibliografische Information Der Deutschen Bibliothek
Die Deutsche Bibliothek verzeichnet diese Publikation in der Deutschen Nationalbibliografie; detaillierte bibliografische Daten sind im Internet über <http://dnb.ddb.de> abrufbar.

ISBN 978-3-7066-2611-8

Alle Rechte vorbehalten. Kein Teil des Werkes darf in irgendeiner Form (Druck, Fotokopie, Mikrofilm oder in einem anderen Verfahren) ohne schriftliche Genehmigung des Verlages reproduziert oder unter Verwendung elektronischer Systeme verarbeitet, vervielfältigt oder verbreitet werden.